U0001232

因為愛
做便當。
2

水瓶
水瓶花園的日常

著

序　Author order

「好香!」

經常,從廚房經過的父子女仨會一邊這樣說、一邊探頭進來關切爐火上的煮物。

料理工作總免不了繁雜細瑣的洗揀切挑煎煮拌燉炒、日復一日伴隨時間與精神付出的勞動廚事活,而另一半和孩子們臉上掛著笑意、脫口一句「好香」,便是讓我能夠在柴米油鹽醬醋茶裡甘之如飴、持續前進的薪柴;看著他們吃得香香、撫肚滿足的模樣,更是日日走進廚房的動力源頭。

然而,這些餵飽家人脾胃身心的,僅僅是平實無華的家常飯菜而已。

家常菜,顧名思義是家裡經常烹煮的菜餚。最適合帶便當的也是家常菜。因為天天要煮,不過於費工才能細水長流、持之以恆。10 多年來,便當盛裝著孩子成長需要的養分,也記錄了親子間許許多多相伴的時光。

哥哥小學一年級的便當看的出來媽媽當時對料理還不甚上手、妹妹期待上小學的原因之一竟是能夠跟哥哥一樣也在學校吃媽媽做的便當、曾經在飯盒裡藏著小造型的驚喜、放學回家後談論對於當日便當菜色的喜好、兒子曾經童言童語說:將來長大上班,還要繼續帶媽媽做的便當⋯那是放學後的黃昏時刻我們拎著便當袋一起回家路上說的話;女兒也曾以稚嫩口吻表示等到她長大結婚,仍然要媽媽住在她家煮飯給她吃(笑)⋯

一個個便當串起我們的日常,也串起親子間的對話。關於吃便當這件事,我們可以聊的事情好多。這些那些,全是媽媽心頭金不換的育兒回憶。

隨著哥哥升上高中,學校離家較遠無法再像國中小學那樣每天親送便當,我們的便當生活也開始有了一些變化。

三年前《因為愛,做便當》一書,記錄著過去現做現送的便當菜色;三年後,《因為愛,做便當2》除了適合熱熱吃的便當料理,同時包括現階段為高中生準備的常溫便當 —— 早上現做、高中生帶至學校午餐時間直接食用不再加熱的即食便當;另外還有少部分的省力餐點 —— 想要簡單吃又不虧待味蕾的幾道主食。

書裡的菜餚不單單是便當菜,也是家裡的飯桌菜,透過自己煮食來餵養孩子、讓家裡飄著飯菜香,除了生理脾胃飽足,同時也為彼此間的情感帶來更加緊密而正向的羈絆。

我想,這就是家的味道吧!

手邊已有第一本便當書的朋友,由衷感謝再次透過書本紙頁參與我們的便當日常。著手進行《因為愛,做便當2》的同時,一直思索著如何在同樣不算繁複的菜色中帶來不一樣的新意,希望這本書能夠帶來新的靈感或啟發;第一次翻閱水瓶便當書的讀友,誠摯感謝收入此書,期待書中的料理讓飲食生活更加有滋有味!

水瓶

Contents

1
Lunch box
熱呼呼暖食便當

本書調味計量單位
1小匙＝5ml
1大匙＝15ml
1杯＝200ml
量米杯＝180ml

2 Lunch box 常溫即食便當

便當盒種類 & 特性

適用蒸飯器或電鍋加熱

不鏽鋼材質

琺瑯材質

鋁製材質

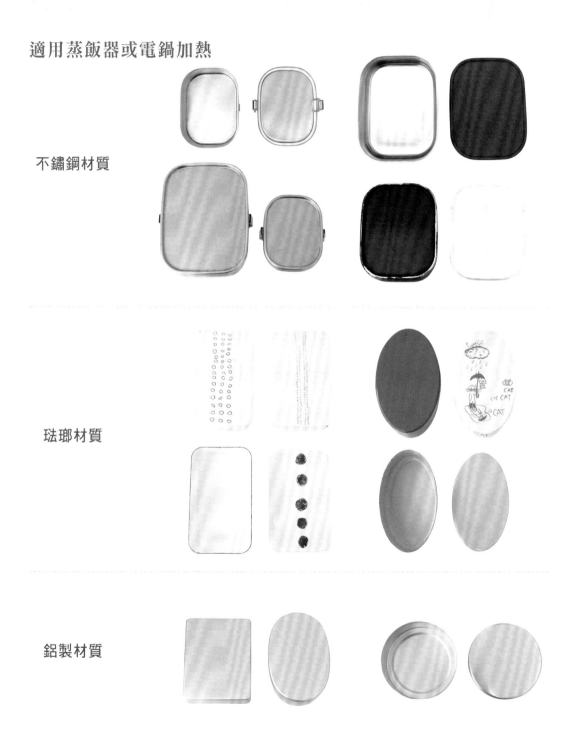

適用微波爐加熱

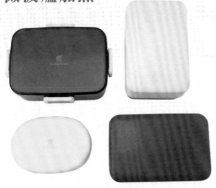

樹脂

玻璃

常溫即食使用

適合不翻熱的常溫便當，尤其是木製與竹製飯盒，其天然材質
具有抗菌功能，更適於早上現做、中午食用的常溫便當。

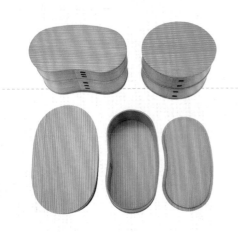

木盒

竹製

保溫罐選擇

用來盛裝熱湯或是燉煮料理的保
溫罐，真空不鏽鋼材質是第一考
量，再者會選擇內蓋亦可旋緊的
款式，保溫效果更好。

便當佈置技巧

儘量將飯盒填滿，
能防止攜帶過程中飯菜位移，
影響開蓋食用時的美觀。

1

依照食量多寡選擇容量
適中的飯盒，盛入白
飯。

2

占比最大的主菜擇一邊
角集中放置。

4

餘下的空間擺放第二副
菜。

3

依照主菜的顏色，選擇
優先擺放在其旁邊的副
菜。

5

份量最少或者裝飾性強
的小配菜，留做最後的
配色與整體空間調整。

常溫便當
保存 8 要領

1 以乾淨無水的餐具取用飯菜來裝盒。

2 現煮飯菜待降溫後再裝盒，避免水氣產生。

3 若是從冰箱取出的常備菜，適當加熱或回溫再裝盒。

4 飯菜或便當盒不要混入生水，儘可能減少菜餚湯汁，保持菜色乾爽入盒。

5 覆蓋一張烘焙紙在飯菜上方再闔便當蓋，可有效吸附可能產生的水蒸氣。

6 如果有的話，裝盒時擺上一點洗淨擦乾的百里香也能幫助保鮮，因其中的
　百里酚成分有防腐功能。

7 使用天然素材的木質便當盒其抗菌效果對常溫便當保存也有助益。

8 全程留意手部清潔，同時防止生食細菌與熟食交叉污染。

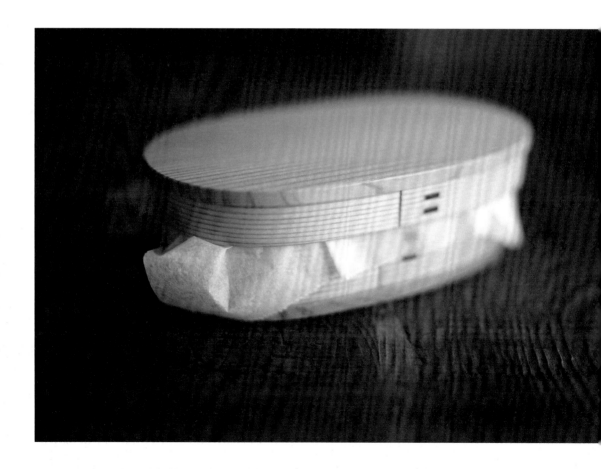

細火慢燉 · 雞高湯

熬高湯，尤其是雞高湯，只需拿時間交換，

便能獲得一鍋天然馨香清甜，

用在料理上有絕對的加乘效果，是會讓人上癮的味道。

晚餐過後，與其坐在沙發上當馬鈴薯，

不如捲起袖子慢燉一鍋雞高湯：）

準備的材料

雞胸骨…5 付（約 400g）
過濾水…4500 ～ 5000ml
蔥白…1 支
中薑薑片…6 片
香菜莖 5 公分…2 段

作法

首先拿出家裡容量在 5 公升至 6 公升的厚實
湯鍋，雞胸骨沖水洗去表面雜質後和水一起
入鍋，開中火從冷水開始煮，直到水滾且表
面浮出大量灰白色泡末時，將那些雜質仔細
撈除，待湯頭乾淨清澈將火力轉小（維持有
小泡泡慢慢浮上來的狀態即可），便可將蔥
白、薑片及香菜莖入鍋，不加蓋，細火慢燉
90 分鐘，熄火，充分降溫後再視用量分裝，
冷藏或冷凍保存。

這個方式熬出來的高湯，辛香料不搶味，可
以搭配各種料理或湯品；依自己的喜好換成
洋蔥、西洋芹、紅蘿蔔或其他香草，又是另
一種風味。

因為可替換的辛香食材變化多，每次熬高湯
都是一次新食驗，也是食事的樂趣。

料理筆記

從冷水煮起，可以讓骨頭裡的血水雜質充分
釋出，撈除這些灰白泡末之後轉成小火熬
煮，高湯才會清澈。燉高湯的過程不加蓋，
目的是讓骨頭可能有的雜味散發，這樣煮出
來的湯頭比燜煮更加清甜好喝。

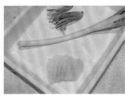

慣用調味料

海鹽：一般調味使用。不同品牌或同品牌不同系列的產品，鹹度會有些許差異，可以按照自己習慣的濃淡斟酌用量。

鹽之花與松露鹽：不適合加熱，帶有甘味，通常用在已烹調完成的料理上提升風味，有畫龍點睛的效果。

沖繩產海鹽：是一款個人很喜歡的日常料理用鹽，鹹中帶甘甜，能夠讓簡單的料理呈現最好的風味。除了沖繩，在日本本島有些超市也能買的到。

玉泰白醬油：廚房調味料的固定班底，可透過玉泰醬油廠自有官網預購或於美福食集購得。

玉泰白醬油膏：很少單獨使用，會和其他款醬油或調味料搭配，讓料理味道多些層次感。

金桃本味坊八月黑豆蔭油：位於雲林縣西螺鎮的手工釀造醬油，適合用來做紅燒、燉肉料理，醬色漂亮且味道醇香。購於美福食集。在此書食譜內簡稱「金桃八月醬油」。

松露醬油：購於好市多，適用在醬色不需要太深的燉煮或快炒料理。

四倍濃縮香菇醬油湯露：購於好市多，4倍濃縮風味，使用上需稍加留意用量。

白兔牌上烏醋：來自台南的古早味米醋，香氣溫醇，拌麵調味蘸醬使用皆宜。

金門高粱醋：全聯及家樂福都有上架販售，適合做為涼拌菜或漬物調味，味道較一般白醋溫潤。

西班牙有機巴薩米克紅酒醋：價格適中，加熱煮過後讓酸味揮發留下香味和甜味，做為佐醬有很棒的提味效果。

米酒‧花雕酒‧紹興酒：風味香氣及濃淡各有不同，其中米酒及紹興酒更是中菜必備、廚房裡不可或缺的料酒。

本味醂：日式風味料理會使用到的調味品。是一種介於糖和酒之間的調味料，可以讓料理調和出柔潤風味。

清酒：清酒有時可用米酒替代。

恆泰豐行黑麻油：在地老店招牌商品，是三杯或麻油料理的基本素材。

信成芝麻醬：含有花生醬，香氣濃郁，拌麵或調成蘸醬佐料皆可。

魚露、蝦醬、黃咖哩粉和椰漿：泰式風味料理會用到的調味料，可以為便當菜帶來與家常相異的南國風情。

韓式芝麻油：涼拌菜提香或做為韓式風味料理的熱炒油，開封後需要冷藏保存。

喜樂之泉有機素蠔油：少量使用便有提鮮增香效果，也是冰箱裡常備調味之一。

穀盛紅麴料理醬：用來醃肉、增色增香，開封後需冷藏保存。

韓國辣椒醬：韓食必備調味品，購於全聯。

小磨坊香蒜粒：與新鮮大蒜風味不相同，可以醃肉也能做為涼拌菜調味。

鹽麴：是一種鹽和米麴的發酵調味料，除了日本進口品，台灣現在也有廠商推出自製鹽麴，網路、大型百貨超市或特定小農市集可購得。

淳味紅冰糖粉：為原色冰糖細磨而成，可快速溶解，非常適合料理使用。PChome網路商店可購得。

科克蘭有機燉番茄：使用海鹽、有機香草調味，已經有基本風味，可以燉肉也能煮湯，十分方便。購自好市多。

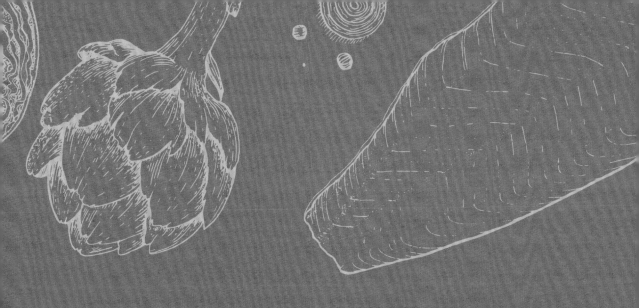

1

Lunch box

熱呼呼
暖食便當

一口小肉丸便當

靈感來自IKEA瑞典肉丸，小巧的尺寸一口一個，當作便當菜不僅容易裝盒，食用也很方便。不論是誰，打開飯盒第一眼看到迷你可愛的肉丸子，嘴角都會不自覺上揚吧：)

便當食用建議：現做現吃最美味；也可熱蒸或微波後享用。

照片是鋁製便當盒，可進蒸爐、不適用於微波爐。

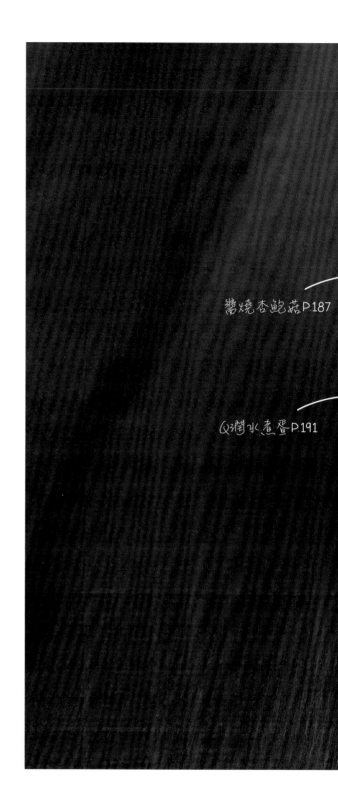

醬燒杏鮑菇P.187

Q潤水煮蛋P.191

暇皮蒲瓜 P.207

一口小肉丸 P.25

一口小肉丸

材料
豬絞肉⋯300g（絞兩次）
水煮鮪魚（罐頭）⋯100g
洋蔥丁⋯50g

調味
米酒⋯1 大匙
本味醂⋯1 小匙
現磨肉荳蔻粉⋯ 1/4 小匙
白胡椒粉 / 黑胡椒粉⋯各 1/4 小匙
卡宴辣椒粉⋯1/8 小匙
細粒海鹽⋯1/2 小匙
玉泰白醬油⋯1 小匙
清水⋯3 大匙
生雞蛋⋯1 顆

作法
1 除雞蛋以外的所有食材攪拌均勻加入生雞蛋再次混拌至產生黏性，放回冰箱冷藏半小時讓調味充分融合、質地更緊實。
2 將餡料分成每顆約 20g 的小肉丸（以左右手來回拋接方式，固定成形）。
3 烤盤鋪烘焙紙，平均間距放上肉丸、表面刷上耐高溫植物油，入爐以攝氏 220 度烤18 ～ 20 分鐘左右至全熟。

🍲 **料理筆記**
1 每台烤箱功率不同，請斟酌微調烤溫及時間。
2 加鹽除了讓鹹味有不同層次，也能讓肉丸緊實度更好。

青檸薄荷醬

材料
綠辣椒⋯1 根（去籽後約 5g）
香菜⋯ 15g
薄荷葉⋯ 15g

調味
檸檬汁⋯25g
糖⋯3g
鹽⋯1g
初榨橄欖油⋯30ml

作法
綠辣椒、香菜與薄荷葉分別切碎加上所有調味材料拌勻即成。

帶便當單食肉丸滋味已足夠配飯，晚餐或家庭餐敘時多附上醬料則能帶來更豐富的食感。

和風叉燒肉便當

準備燉肉料理總會習慣一次多做些,一方面肉的份量要夠,燉煮出來的成品肉香方足;再者花同樣的燉煮時間不如多備一點留做安心常備菜,成為煮婦可快速備餐的美味後盾。

便當食用建議:加熱後大快朵頤。可蒸、可微波。

照片是鋁製便當盒,可進蒸爐、不適用於微波爐。

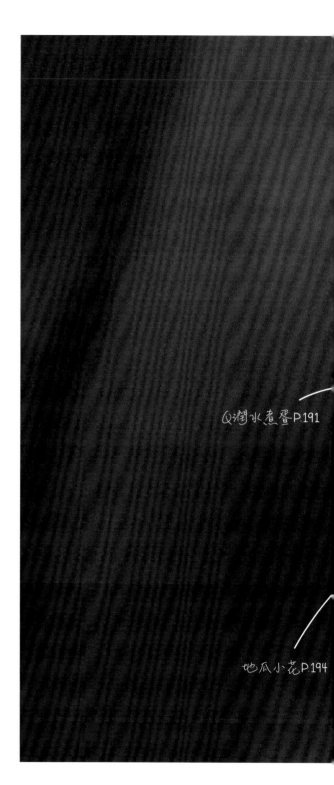

Q溏心煮蛋 P.191

地瓜小花 P.194

高湯煮娃娃菜 P.200

和風叉燒肉 P.28

蒜炒桂竹筍 P.184

和風叉燒肉

材料
梅花肉前段…2 條（約 1200g）
洋蔥…1/4 顆切大塊
中薑…姆指大小（切片）
青蔥…3 根切段（蔥白蔥綠分開）
棉繩…4 條

調味
四倍濃縮香菇醬油湯露…150ml
清酒…200ml
本味醂…80ml
開水…500ml

作法
1 梅花肉 2 條對半分切，再片開成為大厚片，共切成四個大厚片。
2 順著原本的紋理將肉片捲起、用棉繩束緊固定成為肉捲。
3 準備直徑至少 26 公分的大燉鍋，在鍋裡依序炒香洋蔥、薑片、蔥白及蔥綠。
4 將調味料按照順序加入作法 3 煮至滾起，備用。
5 另用不沾鍋（免放油）將四條肉捲煎至表面焦黃。
6 作法 5 置入作法 4，以中火煮至沸騰、轉小火加蓋慢燉 80 分鐘。
7 時間到熄火不開蓋，續燜 30 分鐘即完成。

料理筆記
1 棉繩可在傳統市場雜糧行購得。
2 醬油因品牌不同，鹹度各有差異，請斟酌調整用量。
3 完成的叉燒肉等降溫再分切，形狀才會好看，也不易散開。
4 使用食譜上的份量來燉煮，肉香方足。
5 放涼後整條帶著滷汁冷藏保存，上桌前切片淋上滷汁再加熱食用。

地瓜小花
P.194

香醋小里肌P.33

肉末筍丁
P.188

番茄炒蛋P.198

高湯煮奶油白菜P.200

香醋小里肌便當

安排便當菜色的時候，最先被設定好的通常都是主菜材料。決
定食材的同時也會想好要用什麼方式烹煮、以什麼味道定調，
接著依據主菜的風味再來配置副菜。

在這個便當裡，主菜香醋小里肌及另兩道配菜，番茄炒蛋與肉
末筍丁都是味道較濃重的下飯菜，因此綠色蔬菜便以清淡口味
呈現。如此一來，主菜副菜濃淡之間可取得味覺上的平衡。

便當食用建議：當餐吃最可口；翻熱建議以微波短時間加熱為
佳，才能保留主菜香醋風味及奶油白菜的鮮綠。如需微波請改
用適當材質的便當盒盛裝。

照片是不鏽鋼便當盒，屬於不能微波使用的金屬製品。

香醋小里肌

材料（3～4 人份）
小里肌…400g（約 8～9 片）
洋蔥（切粗絲）…100g

其他
玉米粉…1 大匙
熱炒油…1 大匙
白胡椒粉…適量（起鍋前加）

醃料
白兔牌烏醋…3 大匙
金蘭松露醬油…1 大匙
米酒…2 大匙
原色冰糖粉…10g
蒜泥…10g
小磨坊香蒜粒…1/2 小匙

作法
1 混合醃料，確實讓糖溶化於醬汁中，備用。
2 小里肌斜切成片（約 0.5 公分），使用肉鎚敲打雙面。
3 將作法 1 與 2 混合均勻後再分別揉入玉米粉及熱炒油，冷藏 2 小時以上。
4 起油鍋炒香洋蔥，盛起備用。
5 肉片一一攤平入鍋、不要重疊，以中火煎至兩面上色且熟透，洋蔥回鍋同時撒適量白胡椒粉增香即完成。

Q潤水煮蛋 P.190

鹽麴蒸白筍 P.198

馬鈴薯燉雞 P.36

櫻花暇炒青蔬三鮮 P.208

馬鈴薯燉雞便當

小茉很愛馬鈴薯，舉凡各種跟馬鈴薯相關的料理，女孩無不喜歡。媽媽自然也會投其所好，在便當菜色中安排馬鈴薯入菜。然後，有了她很喜歡的菜色，挾帶的少量偏食蔬菜（球芽甘藍）一併被吃掉的成功率就提高了。

球芽甘藍烹調時需引出焦糖化反應方能帶出甜味，再輔以櫻花蝦增加香氣，連同四季豆和彩椒一塊兒翻炒，一道工序得到三款相異的鮮食滋味。

便當食用建議：當餐熱熱吃或隔餐翻熱食用皆宜，可蒸可微波。

照片是鋁製便當盒，可進蒸爐、不適用於微波爐。

馬鈴薯燉雞

材料

去骨雞腿…400g
黑木耳…100g
馬鈴薯…300g
紅蘿蔔…100g
洋蔥…150g
蔥末…少許

調味

金蘭松露醬油…40ml
玉泰白醬油…30ml
本味醂…30ml
清酒…60ml
白胡椒粉…1/4 小匙
大紅袍花椒粉…1/4 小匙
清水…150ml

作法

1 雞腿切成適口大小，黑木耳切片、洋蔥切大丁，馬鈴薯及紅蘿蔔皆去皮切塊。

2 起油鍋，冷油開始炒洋蔥，聞到香氣後加入紅蘿蔔及黑木耳大略翻炒盛起備用。

3 原鍋將雞肉半煎半炒至斷生，加入作法 2 及馬鈴薯，依序將調味料一一入鍋，
　最後加入清水煮滾加蓋轉小火燉煮 30 分鐘。

塔香鹽麴松阪豬P.40

薑炒皇宮菜 P.202

蒜炒油蔥白花椰P.205

塔香鹽麴松阪豬便當

時間允許的話，當餐現做的便當，飯菜自然是風味最好的，
尤其是綠色蔬菜。每個便當我一定會放進綠色蔬菜，如果小
孩說要在學校加熱便當，那麼將會選擇把綠色蔬菜單獨拿出
來裝盒，常溫食用不再翻熱，如此一來，便不必為了思索要
帶什麼菜比較耐蒸而傷透腦筋。

例如這份塔香鹽麴松阪豬便當，皇宮菜另外用小餐盒盛裝，
其餘飯菜就能進學校蒸飯箱翻熱。

綠色蔬菜重複加熱一則顏色變沉變黃、再則營養也流失許
多，既影響食欲又沒有吃到養分，花時間作菜的人覺得可
惜。

便當食用建議：當餐吃或將綠色蔬菜另外裝盒，其餘飯菜翻
熱後食用。

照片是琺瑯便當盒可進蒸爐、不適用微波加熱。

塔香鹽麴松阪豬

材料（1～2人份）

豬頸肉…150g
薑片…10g
蒜片…5g
辣椒…1根
九層塔…15g

調味

鹽麴…1小匙
金蘭松露醬油…2小匙
棕櫚糖或二砂糖或原色冰糖粉…1小匙
米酒…1大匙

其他

熱炒油…2小匙

作法

1 豬頸肉逆紋斜刀切成適口大小、薑蒜切片、辣椒輪切、九層塔葉洗淨瀝乾水分，調味料混合拌勻備用。

2 起油鍋，從冷油開始炒薑片，聞到香氣後薑片推至鍋邊，豬頸肉一一攤平入鍋以中火加熱。

3 肉片兩面煎到金黃，空出鍋子中間位置將蒜片及辣椒入鍋炒香，隨後將調味料倒入鍋內，同時轉成中小火讓肉片入味並且上色。

4 起鍋前加入九層塔快速翻炒均勻即可盛盤。

鮮茄蛋肉燥便當

有些食物，雖然很久沒吃但會想念；想念
食物本身、也想念當時的氛圍。記得剛從
學校畢業成為上班族，當時公司離忠孝東
路四段不遠，偶爾中午會步行到忠孝sogo
附近的一家小麵館填飽肚子。一份哨子麵
一碗石家魚丸湯，不論是帶有番茄末、洋
蔥丁、雞蛋香、隨意添加蘿蔔乾的麵肉燥
或是摻著芹菜芳香的魚丸湯，都是很喜歡
的味道。忘了是什麼原因，有次很難得和
媽媽兩人單獨去吃，當時媽媽也覺得好
吃。

把店家哨子麵的主要元素放進這份食譜，
做成小孩喜歡的味道，透過食物，與未曾
見面的外婆產生一份小小連結。

便當食用建議：照片右側便當可進蒸飯箱
翻熱（微波需改用適合容器）；左側便當
則是飯和配菜常溫食用，主菜裝進保溫
罐。

市售海苔酥P.193

鮮茄蛋肉燥P45

香炒洋菇P182

鮮茄蛋肉燥P45

紫地瓜小花P194

辣炒香蔥四季豆P186

鮮茄蛋肉燥

材料（3～4 人份）

豬絞肉…300g
番茄去皮切丁…150g
洋蔥去皮切丁…120g
紅蔥頭去皮輪切…15g
雞蛋…3 顆

調味

熱炒油…1 大匙 x3
原色冰糖粉…1 大匙
玉泰白醬油…2 大匙
金蘭松露醬油…1 大匙
米酒…3 大匙
白胡椒粉…1/4 小匙
清水…100ml

作法

1 起油鍋，先用一大匙油從冷油開始中小火將紅蔥頭炒至金黃，撈出備用。

2 原鍋再加一大匙油，投入洋蔥炒香、待顏色轉淺褐，盛起備用。

3 加第三大匙油，投入已充分回溫的絞肉炒至斷生上色後，靜置，耐心等待出水收乾。

4 加糖一大匙翻炒，投入番茄丁大略拌炒，加入白醬油及醬油，番茄會釋出水分，之後將作法 1 及 2 回鍋，加入米酒、白胡椒粉及清水煮滾後，轉小火加蓋燉煮 30 分鐘，時間到熄火燜 20 分鐘。

5 可預先燉好，當餐食用時再次煮滾、加入蛋液，讓味道更豐美，成品澆飯或拌麵皆宜。

🍙 料理筆記

炒紅蔥頭要仔細留意鍋內食材顏色變化，聞到香氣後顏色轉淺褐即可盛出，餘熱會讓紅蔥頭產生後熟，若等到顏色轉深再起鍋容易過熟產生苦味。炒好的紅蔥頭即是油蔥酥，可多做一些冷凍存放，燉肉燥、煮麵、炒菜都能派上用場。

古早味排骨便當

每個人心裡都有一片古早味（笑）。台鐵
列車上的火車便當、小時候家裡巷口自助
餐的炸排骨，都是記憶裡滋味馥郁的經典
便當菜。

平日很少會做需要油炸的料理，但偶爾嘴
饞加上也想懷舊的時候，還是自己家裡做
的炸物吃起來最為安心。

便當食用建議：當餐熱熱吃或隔餐翻熱食
用皆宜，可蒸可微波。

照片是不鏽鋼製便當盒，可進蒸爐、不適
用於微波爐。

古早味排骨 P.48

蘿蔔乾炒蛋 P.207

蒜香蝦皮球芽甘藍 P.182

泰式甜不辣 P.193

古早味排骨

材料
大里肌肉排…600g（6 片）

醃料
四倍濃縮香菇醬油湯露…2 大匙
米酒…6 大匙
蜂蜜…2/3 大匙
薑泥…1 大匙
蒜泥…1 大匙
清花肉桂粉…1/8 小匙
大紅袍花椒粉…1/8 小匙
白胡椒粉…1/8 小匙

其他
片栗粉…40g
全蛋…1 顆

作法
1 調好醃料、肉排拍鬆。
2 肉排浸置於醃料內至少兩小時或一晚（冷藏保存）。
3 準備油炸前 30 分鐘從冰箱取出，回溫，分別揉入全蛋與片栗粉，靜置備用。
4 起油鍋，以中油溫（攝氏 170 度～ 180 度）炸熟，即完成。

🍲 **料理筆記**
1 肉排事先拍過，除了讓口感更軟，下鍋後也能更快炸熟。
2 可藉著木筷置於油鍋中產生的氣泡狀態來推斷油溫。
　　低溫– 產生小氣泡緩慢上升（約攝氏150～160度）
　　中溫– 產生較大氣泡上升（約攝氏170～180度）
　　高溫– 大量氣泡快速上升（約攝氏190度或以上）

杏鮑菇洋蔥燉肉便當

燉肉料理很適合做為需要翻熱的便當主菜，不僅下飯且再次加熱亦不減風味，便當菜單上絕對少不了它。

加了大塊杏鮑菇細火慢燉的洋蔥燉肉，烹煮一鍋便有兩款食材豐富餐盒，可以幫煮飯人省去一道副菜的準備時間，只要有一鍋燉肉在，備餐時間特別從容有餘裕。

便當食用建議：當餐熱熱吃或隔餐翻熱食用皆宜，可蒸可微波。

照片是琺瑯製便當盒，可進蒸爐、不適用於微波爐。

地瓜小花 P.194

酒香四季豆 P.200

聞花宣言 P.194

杏鮑菇洋蔥燉肉 P.52

鹽麴茭白筍 P.199

杏鮑菇洋蔥燉肉

材料

杏鮑菇…200g
梅花肉前段…400g
台灣洋蔥…1 顆
青蔥取蔥白…1 支

調味

糖…1 小匙
金蘭松露醬油…3 大匙
紹興酒…3 大匙
白胡椒粉…1/4 小匙
清水…200ml

作法

1 蔥白切段、洋蔥去皮縱切成六等份。

2 梅花肉前段切成適口大小，入熱鍋煎至表面焦黃備用。

3 燉鍋內以中小火將洋蔥及蔥白半煎半炒至上色飄香，投入杏鮑菇大略翻炒。

4 作法 2 加入作法 3，加糖炒融，依序下醬油、酒及白胡椒粉，炒勻。

5 加水、加蓋，煮到鍋邊冒出白煙，轉成小火持續燉煮 70 ～ 80 分鐘即完成。

料理筆記

1 杏鮑菇可選購體積小的品種，整顆完整下鍋；如果買到個頭較大的則分切成大段下鍋，較適合久燉。

2 這份食譜不用像傳統燉肉需要使用較多份量的肉塊來燒，風味仍然鮮美甘潤，很適合小家庭單次食用。

菱角燉肉便當

菱角盛產的季節，除了菱角排骨湯之外還可以做什麼變化？菱角耐煮，加入燉肉裡多了醬香，比煮湯更有滋味。是愛吃菱角的另一半和女兒相當喜歡的一道。

便當食用建議：當餐熱熱吃或隔餐翻熱食用皆宜，可蒸可微波。

照片是琺瑯製便當盒，可進蒸爐、不適用於微波爐。

高湯煮玉米筍P.209

腐皮雪裡蕨P.188

菱角燉肉P.57

香煎寶島洋蔥佐鹽之花P.187

菱角燉肉

材料

豬梅花肉前段…500g（切塊）
菱角…300g
薑片…30g
大蒜…5 顆（大的）

醃料

原色冰糖粉…1 大匙
金蘭松露醬油…2 大匙
玉泰白醬油…2 大匙
本味醂…1 大匙
米酒…80ml
清水…100ml
白胡椒粉…1/4 小匙
香蔥花椒油…2 大匙（作法見 P.101）

作法

1 菱角洗過、入滾水不加蓋燙煮 10 分鐘，撈起瀝乾備用。

2 起油鍋中小火由冷油開始慢慢焗香薑片及大蒜，直到薑片微乾、蒜粒微焦，盛
　起備用。

3 原鍋轉為中大火將梅花肉塊煎至上色，把菱角、薑片及大蒜加進來。

4 調成中火依序下糖炒勻、加入兩款醬油炒出醬色再續加本味醂及米酒，稍煮滾
　加清水與白胡椒粉。

5 加蓋改為中大火煮到鍋邊冒出白煙，轉成小火慢燉 80 分鐘。

馬告鹽麴燒肉便當

豬邊肉（二層肉）正式學名「僧帽肌」
是家裡常備的食材，水煮、燒烤或香煎
都能夠得到很好的口感，簡單調味便能
成為下飯的便當主菜。

這份便當，主菜及副菜都適合提前做
好，是加熱後也不會走味的菜色。其中
的醬燒杏鮑菇，在調理前先劃網狀刀
紋，可幫助醬汁入味，也讓醬色明顯。
當主菜顏色較不突出時，副菜用醬色來
表現也有勾人食欲的效果。

便當食用建議：當餐熱熱吃或隔餐翻熱
食用皆宜，可蒸可微波但後者較可口。

照片是鋁製便當盒，可進蒸爐、不適用
於微波爐。

馬告鹽麴燒肉

材料
豬邊肉…1 片（約 350g）

醃料
蒜泥…5g
鹽麴…35g（肉片重量的 10%）
馬告…1g
現磨黑胡椒…1g
辣椒粉…1g（不吃辣可略）

耐高溫植物油…1 小匙

作法
1 將馬告稍微磨碎與其他調味料（油除外）混合，均勻抹在肉片雙面，冷藏一晚備用。
2 進烤箱前 30 分鐘將作法 1 從冰箱取出回溫，大略抹除醃料。
3 烤盤鋪烘焙紙，擺上肉片，表面刷一層耐高溫植物油。
4 以攝氏 190 度烤 25～30 分鐘左右至肉片全熟。
5 靜置 5 分鐘再逆紋斜切成適口大小即可。

🍙 **料理筆記**
豬邊肉又名二層肉，學名僧帽肌，口感近似松阪豬，但油花較少，燒烤或水煮都適合。

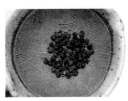 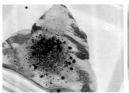  

番茄肉末豆腐煲 P.64

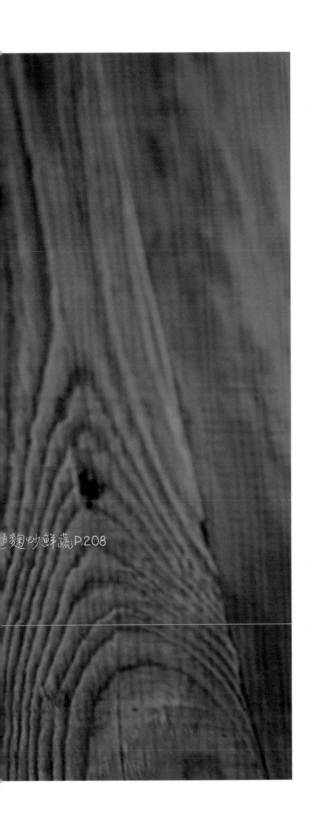

麴炒鮮蔬 P.208

番茄肉末豆腐煲
便當

一次晚餐飯桌上有麻婆豆腐這菜，已經能嚐微辣的小茉吃著吃著說：「馬麻，這豆腐如果加入番茄一起煮，應該也很好吃。」小食客的建議煮飯的人放在心上，稍微調整作法之後，端出這道「番茄肉末豆腐煲」。

幫高中生帶常溫便當的時候，會將這道主菜盛裝在保溫罐裡，再另外做幾樣有菜有蛋的副菜。雞蛋料理可以補充絞肉所不足的蛋白質。

便當食用建議：當餐熱熱吃或隔餐翻熱食用皆宜，可蒸可微波但後者較可口。

照片是琺瑯製便當盒，可進蒸爐、不適用於微波爐。

番茄肉末豆腐煲

材料

豬絞肉（粗）…300g
桃太郎番茄…2 顆（去皮切丁）
豆腐…300g（切丁燙煮）
蒜末…10g
薑末…10g
香蔥花椒油…1.5 大匙（作法見 P.101）

勾芡

太白粉或片栗粉…1 大匙
清水…3 大匙

調味

糖…2 小匙
豆瓣醬…1 大匙
玉泰白醬油…2 小匙
紹興酒…1 大匙
白胡椒粉…1/8 小匙
大紅袍花椒粉…1/4 小匙
清水…200ml

作法

1 冷鍋冷油從中小火開始炒香薑末，聞到香氣後轉中大火投入絞肉炒
   至斷生。

2 待絞肉出水收乾後，加入蒜末炒香，改成中火、加糖拌炒至融化。

3 續加豆瓣醬炒出香氣，接著下白醬油及紹興酒，將番茄丁入鍋，大
   略翻炒。

4 加水，煮至滾起，投入豆腐、白胡椒粉及花椒粉，加蓋續煮，待鍋
   縫冒出白煙時轉小火燜煮 30 分鐘。

5 起鍋前淋入攪拌均勻的太白粉水，輕輕拌勻即完成。

 料理筆記

如果不使用香蔥花椒油，可在作法2加入蒜末同時，也投入蔥白末一起
炒香。

同場加映：家製定番款麻婆豆腐

材料 4 人份

豬絞肉…600g
蒜末…24g（2 大匙）
薑末…12g（1 大匙）
豆腐…2 盒
蔥末…適量

調味

香蔥花椒油…3 大匙
糖…2 大匙
明德辣豆瓣醬…3 大匙
紹興酒…3 大匙
金桃八月醬油…0.5 大匙
玉泰白醬油…1 大匙
熱水或高湯…500ml
白胡椒粉…適量
大紅袍花椒粉…適量
香麻辣油…適量

勾芡

清水…3 大匙＋太白粉…2 大匙
（入鍋前再次拌勻）

作法

1 熱油倒入香蔥花椒油（作法見 P.101）。

2 絞肉充分回溫並且拭乾血水後入鍋，攤平使之均勻受熱，使用中火煎到上色再翻面，將絞肉半煎半炒至斷生，接著耐心等待絞肉的出水收乾。

3 投入薑末、蒜末，翻炒至香氣撲鼻，加糖炒融後下豆瓣醬炒勻。

4 淋下紹興酒大略翻炒，沿鍋邊淋兩款醬油，燒出醬香，加熱水（或高湯）煮滾，投入預先燙煮過的豆腐丁，轉成中小火加蓋燒煮 10 分鐘左右。

5 開蓋讓湯汁稍微收束，均勻撒下白胡椒粉、花椒粉輕輕翻拌，

6 最後以繞圈的方式淋下攪拌均勻的太白粉水勾芡，以鍋鏟貼著鍋底劃 8 的方式緩緩拌勻，直到再次滾起並且呈濃稠狀態。

7 最後適量添加最喜歡的香麻辣油、撒下蔥花，完成！

綠花椰小花 P.194

蔥燒腩排 P.71

芥末籽醬拌綠花椰
P.192

蒜香龍鬚菜 P.204

香煎玉米筍佐巴薩米克醋 P.199

蔥燒腩排便當

小茉說：比布丁肉還好吃！媽媽有點訝異，布丁肉在她心目中也是前幾名喜歡的下飯菜，竟然被這道蔥燒腩排迎頭趕上。

豬腩排即是小排，屬於肉多的排骨，燒煮至入味軟嫩、用筷子一撥便能將骨頭去除，帶便當也方便食用。

便當裡的綠色小花是青花菜梗，小茉自小愛吃這個部位，但外表凹凸不平的青花菜梗處理起來頗花時間，有一次備菜時想到直接用壓模取下嫩莖的方法，一來不必花時間處理外皮、二來形狀也很漂亮，還能順帶裝飾便當，一石二鳥。

便當食用建議：當餐熱熱吃或隔餐翻熱食用皆宜，因為有綠色蔬菜，使用微波加熱較可口。

照片是琺瑯製便當盒，不適用於微波爐。

蔥燒腩排

材料（2 人份）
豬腩排⋯500g
蔥白⋯30g
薑片⋯10g
辣椒⋯1 支

調味
糖⋯1.5 大匙
金桃八月醬油⋯1.5 大匙
花雕酒⋯1 大匙
熱水⋯200ml
大紅袍花椒粉⋯1/8 小匙
白胡椒粉⋯1/4 小匙
香菇素蠔油⋯1 大匙

熱炒油⋯1 大匙

作法
1 排骨裝入調理盆置於水龍頭下跑活水約 20 分鐘至清澈無血水，將排骨擦乾備用。
2 起油鍋從冷油開始中小火將薑片及蔥白慢慢煸至金黃，盛起備用。
3 原鍋投入作法 1，中火將排骨煎至上色，作法 2 回鍋。
4 加入糖炒勻後續入醬油及花雕酒，大略翻炒至排骨有漂亮醬色。
5 加入清水煮至滾起，投入辣椒、大紅袍花椒粉及白胡椒粉，加蓋燉煮，待鍋邊冒出白煙後轉成小火慢燉 40 分鐘。
6 開蓋加入香菇素蠔油，再次加蓋繼續煮 30 分鐘，時間到移除鍋蓋調整火力至中大火收汁，直到醬汁濃稠發亮便算完成。

香料番茄燉肉便當

帶便當並不拘泥於飯菜共裝在同一飯盒裡，幫高中生準備的便當有時會像這樣用保溫罐裝肉類主菜、其他飯菜不翻熱直接常溫吃。

帶著湯汁的燉肉料理保溫效果會比沒有湯汁的菜色來得好，因為有滾燙的醬汁保護，直到中午用餐時間打開保溫罐，仍然維持良好的溫度，不喜歡蒸飯的高中生在冬天也能吃到熱呼呼的便當菜。

便當食用建議：飯菜盒如果是早上現做則不用翻熱、直接常溫食用；保溫罐的主菜預先煮好，當天完全加熱後裝入保溫罐。

照片是秋田杉便當盒，不適合任何加熱方式，僅適用於常溫便當。

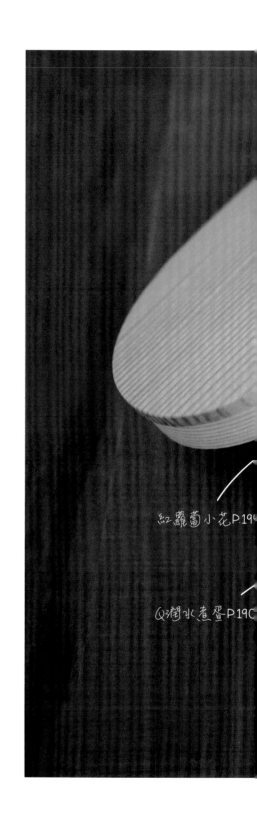

紅蘿蔔小花 P.194

Q潤水煮蛋 P.190

香料番茄燉肉 P.74

香煎藕片佐巴薩米克醋 P.198

鹽麴茭白筍 P.199

薑炒金針花 P.186

香料番茄燉肉

材料

豬梅花肉前段⋯1000g（切塊）
洋蔥⋯2 顆
蔥白⋯5 支
牛番茄⋯3 顆（去皮切塊）
有機香料番茄塊罐頭⋯1 罐

調味料

冰糖粉⋯1.5 大匙
玉泰白醬油⋯4 大匙
米酒⋯6 大匙
泰國檸檬葉⋯3 片
黑胡椒粉⋯適量

作法

1 起油鍋加入 2 大匙熱炒油（份量外），從冷油開始炒香洋蔥，聞到香氣後投入蔥白繼續拌炒至香氣四溢，炒好的洋蔥及蔥白先盛出備用。

2 同一鍋子補上 1 大匙熱炒油（份量外），將肉塊入鍋以中大火煎至上色。

3 作法 1 投入作法 2，加糖拌炒，糖融化後續加入白醬油、米酒、檸檬葉翻炒均勻。

4 投入牛番茄、罐頭番茄塊，加蓋煮至冒出白煙，轉成小火燉煮 90 分鐘。

5 起鍋前添加適量黑胡椒粉即完成。

🍲 料理筆記

如果買到無調味番茄塊罐頭，請再額外添加些許海鹽及普羅旺斯綜合香料或義大利香料。

麻油鹽麴松阪豬便當

冬天的便當，幾乎都要附上熱食罐來搭配常溫食用的飯菜；保溫罐裡有時裝著主菜、大多時候是熱湯，然而像這份麻油鹽麴松阪豬則是一豬分飾兩角，既是主菜也是熱湯，因而也簡化了便當備餐工序。靈感困乏的時候，這是一道不費力便得以賓主盡歡的討喜菜色。

便當食用建議：飯菜盒如果是早上現做則不用翻熱、直接常溫食用；主菜可預先煮好，當天完全加熱後裝入保溫罐。

照片是琺瑯便當盒，可進蒸飯箱，微波爐不適用。

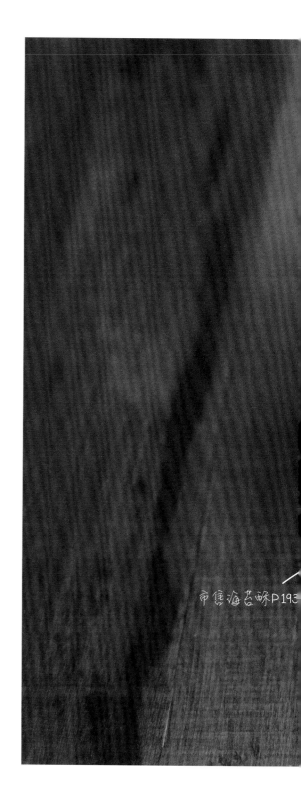

市售海苔酥P193

麻油鹽麴松阪豬 P.79

紅蘿蔔小花 P.194

香炒洋菇 P.182

辣炒櫛瓜 P.206

麻油鹽麴松阪豬

材料（3～4 人份）
豬頸肉…400g（大的一片）
老薑片…40g

醃料
鹽麴…50g
原色冰糖粉…4g
米酒…2 大匙

調味
米酒…3 大匙
熱水…800ml
鹽…1/2 小匙

玄米油、黑麻油各…1 大匙

作法
1 豬頸肉（即松阪豬）請肉攤老闆片成適口大小；
　自己切也可以，留意下刀時逆紋切，口感較好。
2 將作法 1 與醃料混合抓揉均勻，冷藏一夜。
3 料理前 30 分鐘自冰箱取出作法 2 回溫。
4 起油鍋從冷油開始中小火將薑片煸至微微焦黃。
5 投入肉片轉成中火翻炒，肉色轉白之後將米酒入鍋並加熱水，
　續煮 10～15 分鐘。
6 起鍋前加鹽調味即完成。

🍙 **料理筆記**
這道既是主菜也是熱湯，也可加入高麗菜跟金針菇或鴻喜菇等一起食用，有菜有肉有湯，營養美味之外也是容易上手的省時料理，肉片先用鹽麴醃過，讓整體風味更加溫潤香醇。

洋蔥炒鮮菇 P.185

鮮炒豌豆芽甘藍與金針菇 P.208

紅麴腐乳雞P.83

紅麴腐乳雞便當

時間較不充裕的時候我會準備一些能夠快速完成又兼顧「下飯菜」功能的省時料理；除了最後完成的味道需達標，包括備料工序也要省事才能真正符合簡單上菜需求。

紅麴與腐乳醬濃鹹香，能讓雞肉在短時間內入味；等待醃肉的時間用來洗米煮飯、洗菜分切、準備辛香料；一切俱足、食材一一入鍋烹煮，15分鐘內便可完成三道營養與風味兼備的便當菜。

便當食用建議：當餐熱食或隔餐加熱食用皆可。

照片是不鏽鋼便當盒，可進蒸飯箱、不適用於微波爐。

紅麴腐乳雞

材料（2 人份）
去骨雞腿切丁…300g
紅椒黃椒切丁…適量
青蔥切段…1 支

醃料
豆腐乳…1 塊
腐乳醬汁…2 小匙
紅麴醬…1 大匙
米酒…3 大匙
蒜泥…1 小匙
小磨坊香蒜粒…1/2 小匙
糖…1 大匙

作法
1 混合所有調味料，攪拌均勻使糖融化。
2 雞丁與作法 1 混拌，置靜 30 分鐘。
3 起油鍋，熱鍋時中大火將紅黃椒及蔥段入鍋快炒，盛出備用。
4 原鍋投入作法 2，轉中火將帶著醬汁的雞丁半煎半炒至全熟。
5 作法 3 回鍋與雞丁大略拌炒即可起鍋盛盤。

🍲 **料理筆記**
豆腐乳及腐乳醬汁的用量隨鹹度不同酌量增減。因有醃肉醬汁同時入鍋，以中火來
煎炒雞丁避免燒焦。

鹽麴茭白筍 P.199

和風玉子燒 P.189

韓式涼拌菠菜 P.203

台式燉肉燥 P.87

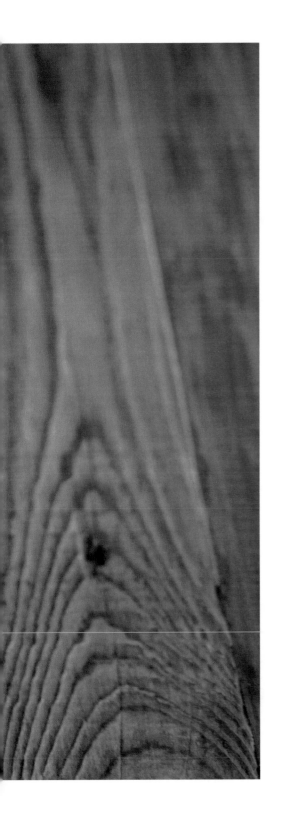

台式燉肉燥便當

小茉說：媽媽妳每次做這種滷肉飯便當，配菜一定會有玉子燒。

真的嗎？我都沒注意過。

翻了先前的便當記錄照片，是這樣子沒錯：D

原來準備便當這些年已經養成某些固定的菜色配置習慣。

鹹香下飯的台式燉肉燥，備料與工序都簡單，只需要留意幾個小技巧、耐心花時間燉煮便能換來齒頰留香的迷人滋味。

便當食用建議：肉燥飯盒加熱、副菜盒常溫直接食用。

照片是不鏽鋼便當盒，可進蒸爐、不適用於微波爐。

台式燉肉燥

材料
手切豬五花肉丁…1000g
台灣洋蔥切丁…150g
油蔥酥…30g

調味
原色冰糖粉…1.5 大匙
金桃八月醬油…4 大匙
白胡椒粉…1/2 小匙
五香粉…少許（可略）
米酒…100ml
熱水…400ml

作法
1 起油鍋，中小火、冷油開始炒洋蔥，慢慢翻炒直到成為漂亮焦糖色之後取出備用。
2 原鍋轉為中大火將五花肉丁半煎半炒至肉色轉白、出水完全收乾，並且鍋底滋滋作響，使五花肉的油脂得以在熱油逼促下釋出。
3 待肉丁表面些微上色時，投入油蔥酥和作法 1，翻炒至香氣飄出。
4 加糖炒至融化，而後沿鍋邊淋下醬油並且炒勻。
5 加入白胡椒粉及五香粉大略翻炒。
6 加入米酒燒至滾起再將熱水入鍋。
7 蓋上鍋蓋續煮，等到鍋邊冒出白煙時將火力轉小，細火慢燉 80 ～ 90 分鐘。

🍙 料理筆記
1 如果未使用洋蔥，糖可酌量增加；作法2的肉丁經過加熱，肉色轉白之後便會開始釋出水分，此時需要耐心等水分完全收乾，接著才會釋出油脂，如此燉好的肉燥方能香而不膩。
2 帶便當時可將配菜分開裝盒，食用時單獨加熱飯與肉燥，菜盒常溫食用。

清炒晚香玉筍P.185

櫻桃蘿蔔P.190

泰式黃咖哩雞P.91

香檸松本茸P.183

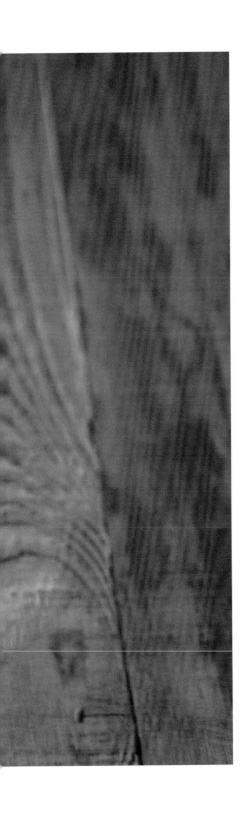

泰式黃咖喱雞

是每回至泰式餐館用餐必點的經典菜色，經過椰奶潤飾的泰式咖喱，風味溫和，舀上一匙醬汁淋在熱騰騰白飯上，真是無肉也香哪！

店家商業配方我們不可得，但是自家廚房有個小小的提味一點訣，同樣能讓食客們聞香食指大動！每次準備這道料理總是要燉上一大鍋，讓大人小孩通通吃個過癮方能罷休。

便當食用建議：咖喱飯盒加熱、副菜盒常溫直接食用。

照片是不鏽鋼便當盒，可進蒸爐、不適用於微波爐。

泰式黃咖喱雞

材料（2～3 人份）
去骨雞腿…2 支切塊（約 500g）
蒜末…20g
辣椒…10g
洋蔥丁…300g
中型馬鈴薯…4 顆（去皮、切塊）

調味
椰糖…1.5 大匙
泰式黃咖喱粉…4 大匙
椰奶…400ml
雞高湯…450ml
蝦醬…0.5 大匙
泰式魚露…2 小匙

作法
1 起油鍋，熱油中火將雞肉煎至斷生上色，盛起備用。
2 原鍋將洋蔥炒至微微焦黃，投入蒜末及辣椒續炒至香氣飄出。
3 作法 1 回鍋，加糖拌炒至融化；續投入咖喱粉炒勻。
4 倒入椰奶，大略翻炒，聞到咖喱香氣後加入馬鈴薯及高湯煮至滾起。
5 加入蝦醬煮融，轉小火燉煮 40 分鐘。
6 最後以魚露調味即可起鍋。

🍱 **料理筆記**
使用蝦醬便是這份食譜的小祕訣，選用的品牌可參考P.18。

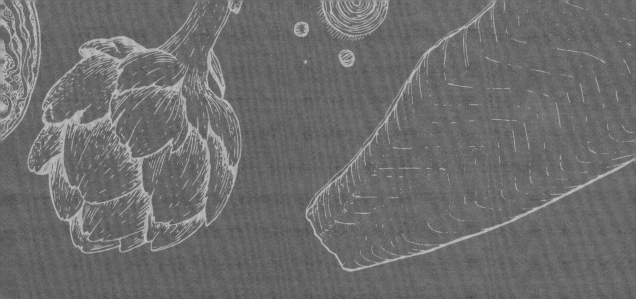

2

Lunch box

常溫
即食便當

臘味煲仔菜飯便當

有沒有一道料理既簡單做又好吃、而且連不諳廚事的人也能成功率百分百的完美呈現……

有！正是這份臘味煲仔飯。

沒有油煙、只需要把食材備妥，其餘時間和烹煮都交給電子鍋就好。每次餐桌上端出這一味，不論多麼克制總會多添上一碗飯。

用這份煲仔飯帶便當的時候，副菜需要多增加蛋白質配置。因為是不加熱的常溫即食便當，我把大部分的蔬菜和動物性蛋白質分配在熱湯裡，如此一來營養與美味皆可兼得。

便當食用建議：主食飯盒可熱食亦可常溫開動，搭配熱湯食用。

照片是秋田杉製便當盒，僅適用於常溫便當，不能加熱。

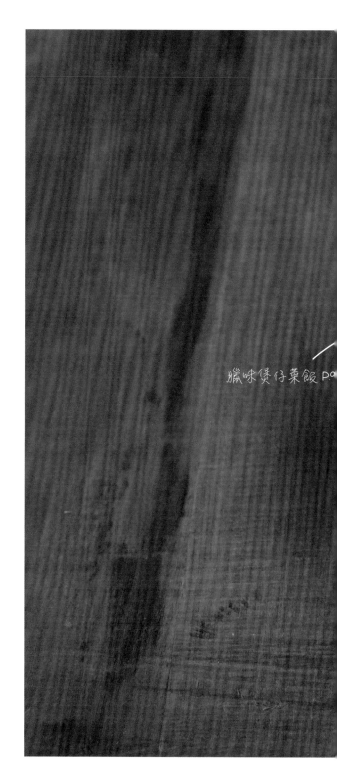

臘味煲仔菜飯 P.○

韓式豆腐辣湯 P210

清炒蘆筍 P196

Q潤水煮蛋 P190

臘味煲仔菜飯

材料

港式臘腸…50g
港式肝腸…50g
湖南臘肉…50g
白米…300g（2米杯）
青江菜…150 ～ 200g
清水…330ml

拌飯醬

金蘭松露醬油…1 大匙
喜樂之泉素蠔油…1 大匙

作法

1 白米洗至水變乾淨、瀝乾備用；拌飯醬混合均勻，備用。

2 將臘腸、肝腸及臘肉以清水沖洗擦乾再分別切成圓片及小丁。

3 作法 1 與作法 2 分別放入電子鍋內鍋，加水，以快煮模式炊飯。

4 青江菜洗淨入加鹽的滾水（份量外）燙熟，撈出放涼、切成細末擠乾水分。

5 煮好的臘味飯（作法 3）燜 5 ～ 10 分鐘後，將拌飯醬加入，以飯匙輕輕翻拌均勻，最後將作法 4 投入再次拌勻即完成。

料理筆記

這份食譜做法簡單，唯一需要留意的是臘肉記得切成小丁、肝腸與臘腸輪切成小圓片，入口鹹香滋味最剛好。加了拌飯醬及青江菜末的臘味飯濃郁中又帶著爽口的風味，有著讓人一口接一口停不下來的美味魔力，看著家人滿足地扒飯，煮婦的成就感油然而升。

好吃的港式臘腸、肝腸及臘肉購自台北市羅斯福路一段96號的「彭記湖南臘肉店」。

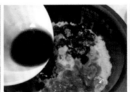

山藥花雕雞便當

山藥性平、補氣護胃、還有消除疲勞、抗老化的食效，對於體力腦力皆大量輸出的學生、工作人仕或家中長輩來說都是很好的食材。

山藥與雞肉組合，除了山藥雞湯之外，做成醬燒風味更適合做為下飯的便當菜。

便當食用建議：當日現做的飯菜可不加熱直接常溫食用。

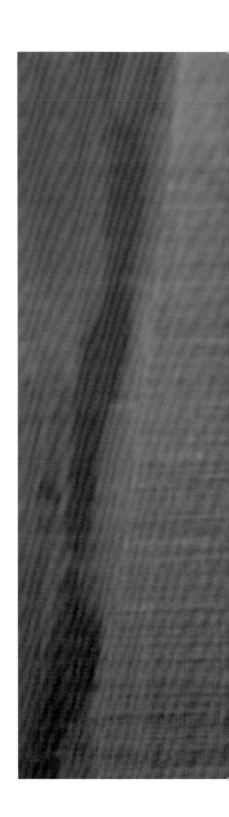

山藥花雕雞 P.101

櫻桃蘿蔔 P.190

紅蔥頭烤球芽甘藍 P.205

鹽麴茭白筍 P.199

鹽煮玉米筍 P.209

山藥花雕雞

材料（2～3 人份）
大蒜…6 瓣（約 30g）
薑片…30g
日本山藥…150g
去骨雞腿…450g

* 香蔥花椒油…2 大匙

醃料
花雕酒…1 大匙
白醬油…1 大匙

調味
冰糖粉…2 小匙
金桃八月醬油…1 大匙
花雕酒…3 ～ 4 大匙
清水或高湯…60ml

作法

1 去骨雞腿切成適口大小加入醃料靜置 30 分鐘、山藥去皮切成半月型泡水備用。

2 起油鍋中小火從冷油開始將薑片及大蒜慢慢煸至顏色金黃且香味飄出時取出備用。

3 醃好的雞腿塊入鍋以中火煎至斷生、上色，投入作法 2 以及瀝乾水分的山藥，加糖炒融。

4 加入醬油和花雕酒，大略翻炒後加水或高湯煮滾，轉中小火蓋上鍋蓋燜煮 5 ～ 10 分鐘後移除鍋蓋改成中大火將醬汁收至濃稠即完成。

香蔥花椒油

材料
青蔥…1 根（約 15g）
大紅袍花椒粒…12g
玄米油…150ml

作法

1 大紅袍花椒粒先以溫水浸泡約 1 分鐘，瀝乾置於厚實耐熱缽備用。

2 準備一個小型單柄鍋，加入油與擦乾水氣的蔥段，以中小火慢慢加熱。

3 見鍋中蔥段由鮮艷轉至焦黃時即可離火，將熱油緩緩沖入作法 1。

4 靜置大約 4 小時後裝瓶加蓋即成。

🍳 **料理筆記**

花椒粒如能買到梅花花椒，則香氣可更上層樓。這份食譜使用的是肉雞雞腿，烹調時間短，常溫食用口感也不會變硬。

白身魚燴黑醋便當

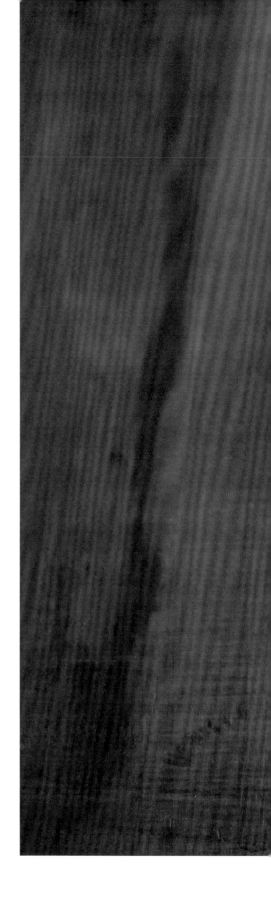

對於早上現做的便當，魚料理烹調時間短、易入味，留意挑選合適魚種、料理時確實將醬汁收乾，中午不加熱直接食用風味依然可靠。

白身魚指的是無刺鬼頭刀魚片，其正式學名是鱰魚，成長速度快，是大型洄游魚類中重金屬含量最低的，魚肉厚實而口感細嫩，經過適當調味便是一道下飯便當菜。

便當食用建議；常溫食用。

櫻桃蘿蔔 P.190

酒香四季豆 P.200

鮮炒球芽甘藍
與金針菇 P.208

白身魚燴里脊 P.105

Q潤水煮蛋 P.190

白身魚燴黑醋

材料（2 人份）

無刺鬼頭刀魚片…250g
片栗粉…25g

調味

糖…1 大匙
黑醋…2 大匙
米酒…3 大匙
玉泰白醬油…2 小匙
新鮮檸檬汁…1 大匙
開水…2 大匙

作法

1 魚片斜刀片開，不重疊鋪在調理盤，在上方均勻撒鹽（份量外，約 1/2 小匙），靜置 10 分鐘。
2 將所有調味料混合使糖融化，備用。
3 拭乾魚身水分，輕壓方式均勻沾附片栗粉，靜置 5 分鐘。
4 熱鍋熱油將魚片以中火煎至兩面金黃。
5 熄火，一口氣倒入作法 2，再開中小火煮至濃稠發亮，讓魚片充分入味即完成。

🍚 **料理筆記**

魚片調理前先撒鹽的目的在去除腥味同時緊實魚肉。撒鹽後靜置，腥味會隨著水分排出，因此下鍋前要再擦乾魚身上的水分。

番茄炒蛋 P.198

百里香椒鹽鱸魚 P.108

蒜香手撕高麗菜 P.204

鹽煮秋葵 P.209

百里香椒鹽
鱸魚便當

主菜百里香椒鹽鱸魚嚐起來有淡淡草本馨香、以及海鹽與白胡椒的鹹香，屬於清爽風主菜，於是其中一道副菜便安排口感與味道都較醇厚的番茄炒蛋，這樣吃便當的時候味覺可於濃淡間轉換、起承轉合，更撩人食欲。

便當食用建議：常溫食用。

百里香椒鹽鱸魚片

材料（2人份）
七星鱸魚片⋯200g
大蒜⋯4～5瓣
新鮮百里香⋯適量
片栗粉⋯適量

醃料
海鹽⋯約 1/2 小匙

調味
米酒⋯1 大匙
胡椒鹽⋯適量

作法
1 無刺魚片斜刀片開，大小以方便裝入便當盒為基準；魚身抹薄鹽靜
置 10 分鐘。
2 大蒜切末、百里香剪成小段（保留小葉片完整）。
3 將魚身水分拭乾、兩面皆沾裹片栗粉靜置 5 分鐘。
4 起油鍋，熱鍋後先下 1 大匙油，以中火將魚片煎至兩面金黃再淋下
米酒，收乾後魚片取出。
5 原鍋再下半大匙熱炒油，保持中小火投入蒜末及百里香炒出香氣，
將魚片回鍋，以適量胡椒鹽調味即完成。

香煎軟嫩雞胸肉便當

雞胸肉熱量低、是優質蛋白質來源，唯口感容易乾柴，除鹽酥雞及炸雞以外，其餘的雞胸肉料理很難獲得食客們青睞；但是、以鹽漬法浸泡處理過再烹煮，便可大大提升雞胸肉的好食感。食客們驚訝於其軟嫩口感之餘，煮飯人也從中獲得自得其樂的成就感。

便當食用建議：常溫食用。

香煎軟嫩雞胸 P.113

蒜香龍鬚菜 P.204

金平藕片 P.196

花椰菜梗 P.194

香煎軟嫩雞胸肉
佐巴薩米克醋

材料

雞胸肉…300g
冷開水…500ml
海鹽…1 大匙

調味

現磨黑胡椒…適量
巴薩米克紅酒醋…30ml
片栗粉…30g
咖哩粉…2g

作法

1 混合冷開水與海鹽，充分攪拌使鹽溶化。

2 將雞胸肉與作法 1 同置於密封盒內，回到冰箱冷藏隔夜，這樣能使烹調後的雞胸肉口感軟嫩多汁。

3 混合片栗粉及咖哩粉，過篩後備用。

4 料理前 30 分鐘將雞胸肉從鹽水中取出，拭乾水分均勻沾裹作法 3。

5 取 2 大匙巴薩米克紅醋，用醬汁鍋燒煮至酸味揮發，有微微濃稠感即離火備用。

6 熱鍋後加入一大匙熱炒油（份量外），將作法 4 入鍋以中火煎至雙面金黃，輕壓肉排表面，如有透明湯汁流出，即為全熟。

7 煎好的肉排離鍋靜置 5 分鐘後再分切成適口大小，淋下作法 5，添一些現磨黑胡椒即完成。

🪨 料理筆記

片栗粉混合咖哩粉使用，能使煎出來的雞排上色更漂亮也讓醬汁更好吸附。巴薩米克醋經過適當加熱可將甜味釋放出來，搭配食材有非常棒的提味效果。煮好的醋在完全冷卻後水分會再收束，因此煮的時候不要等到汁液十分濃稠才離火，才不會煮過頭。

櫻桃蘿蔔 P.190

醬油黃豆芽 P.184

柔式檸檬蝦 P.117

Q潤水煮蛋 P.190

蒜炒甜菜花 P.202

泰式檸檬蝦便當

食客們很喜歡的一道蝦料理，每次清晨準備時總是
要跟時間賽跑；冷凍鮮蝦隔水退冰、剝殼、拭乾、
烹煮……。若是在家用餐，我喜歡蝦子帶蝦頭入
鍋，這樣風味更好。不過為了食用方便，當作便當
菜的時候去殼是基本工序，雖然花時間，但想像孩
子中午打開便當開心吃飯的畫面……捲袖剝殼吧！

便當食用建議：常溫食用。

泰式檸檬蝦

材料

新鮮白蝦…400g
檸檬葉…3 片
紅蔥頭…10g
香菜…適量（不喜歡可略）

調味

泰式魚露…1 大匙
米酒…2 大匙
白胡椒粉…適量

檸檬汁…2 大匙

作法

1 新鮮白蝦沖水、去殼與腸泥保留蝦頭，備用。

2 檸檬葉用手撕開、紅蔥頭切末備用。

3 起油鍋以中小火從冷油開始將檸檬葉與紅蔥頭炒出香氣。

4 投入作法 1，雙面煎，待肉色幾乎轉紅時，下魚露、米酒及白胡椒粉。

5 最後淋檸檬汁入鍋，大略翻炒拌勻隨即關火，保留檸檬香氣與酸度。

🍱 **料理筆記**

蝦子易熟，建議烹煮前先將所需要的調味料備好待用，料理工序將更順暢也更好掌控火候。保留蝦頭可以增加香氣與風味，帶便當時直接使用蝦仁亦無妨。

中式豬肉漢堡排便當

與餐館常見的和風漢堡排或速食店的牛肉漢堡大不同，由於外子近年不食牛肉，為了愛吃漢堡排的他，做了這道不含牛肉、中式調味的100%豬肉漢堡排，餐桌上食客們熱情反饋，當作便當菜常溫食用時也說還是好吃，於是我逐一記下食材與調味比例、寫入自己的手寫食譜筆記本，也和正在翻閱便當書的你分享：）

便當食用建議：常溫食用；改用其他適合加熱的便當盒盛裝，亦可翻熱。

Q 滷水煮蛋 P.190

中式豬肉漢堡排 P.121

蒜香鹽麴綠花椰 P.209

韭黃炒豆芽 P.197

中式豬肉漢堡排

材料（4 人份）

豬絞肉（細）… 600g
洋蔥末 …60g

調味

白胡椒粉…1/2 小匙 ⎫
大紅袍花椒粉…1/8 小匙 ⎬ 乾性調味料
清花肉桂粉…1/8 小匙 ⎭
米酒…3 大匙
白醬油…3 大匙
蔥薑水…6 大匙

醬汁

素蠔油…2 大匙
番茄醬…3 大匙
糖…2 小匙
蔥薑水…4 大匙
白胡椒粉…適量

作法

1 混合絞肉、洋蔥末與乾性調味料。

2 將米酒、白醬油及蔥薑水等濕性調味料混合，分次加入作法 1，一邊加一邊用手同方向攪拌，直到液體全數用完，持續攪拌至絞肉產生黏性。

3 作法 2 密封、放回冰箱冷藏 30 分鐘後取出，取適量於掌心以左右手來回拋接方式，製成漢堡排，大小以方便放置於便當盒為基準（此食譜約 12 個）。

4 熱油鍋，用鍋鏟幫忙將作法 3 移入鍋內，以中火煎至雙面上色，加水 50ml（份量外），加蓋、續煮至水分即將收乾，用鍋鏟輕壓，流出的汁液清澈即為全熟。

5 熄火，取出漢堡排，原鍋加入醬汁材料，再開中火煮至滾起，即完成醬汁，過濾可能殘餘肉渣再將醬汁淋在漢堡排上。

🍱 料理筆記

蔥薑水是160ml冷開水、姆指大小的中薑切片，及10小段長約5公分蔥綠混合靜置30分鐘而得。

如蒙頭烤球芽甘藍 P.204

迷迭香啤酒雞腿排 P.125

蠔油黃豆芽 P.184

迷迭香啤酒雞排便當

一次與朋友出遊的家庭旅行，下榻旅館附有泳池及BBQ設備，於是我們簡單採買生鮮、就著有限的調味品和工具，大人們寫意暢快地烤肉聊天、孩子們在池邊嬉戲玩水；當時隨手在即將烤好的五花肉上澆淋些許啤酒意在去腥，但經過烤爐高溫催化，酒精快速揮發之後留下淡淡香氣，意料之外俘擄了大小食客們的心，僅僅只有鹽與胡椒調味的豬五花烤肉片，多了啤酒參與助興，風味令人驚喜。

轉身將這個意外收穫運用在便當菜製作上，同樣簡單的食材與調味，花少少的時間打包一份媽媽安心、孩子歡心的營養便當。

便當食用建議：常溫食用。

迷迭香啤酒雞排

材料
去骨雞腿排…1 片（約 300g）

醃料
迷迭香…適量
海鹽…3/4 小匙
橄欖油…1 小匙

調味
啤酒…80ml
現磨黑胡椒粉…適量

作法
1 去骨雞腿排雙面均勻抹上海鹽、迷迭香碎增加香氣，淋下橄欖油，冷藏 2 小時或隔夜。
2 烹調前 30 分鐘從冰箱取出充分回溫，不沾鍋免放油熱鍋，雞皮朝下平鋪於鍋內以中火煎至金黃色翻面。
3 淋下啤酒，加蓋（留一點縫）燜煮 5 分鐘後開蓋將湯汁收乾，最後以現磨黑胡椒粉增加風味即完成。

🪨 料理筆記
1 香草使用迷迭香或百里香都適合，如果沒有，用蒜片來替代也可以。啤酒品牌不拘，選擇自己喜歡或方便取得的即可。經過高溫燒煮，酒精幾近揮發，只留下淡淡香味餘繞，是一道工序與調味都很簡單，但是食客們滿意度很高的人氣料理。
2 不沾鍋應避免空燒，可在鍋內加少許清水再開火加熱，待水分蒸發同時也完成熱鍋。

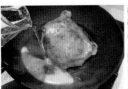

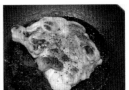

爐烤鹽麴
咖喱雞腿排便當

鹽麴是一種發酵製法的調味品，富含乳酸菌及維他命B群，能夠維持腸道健康、幫助身體代謝；用來調味（替代鹽）、醃漬有提鮮與軟化肉質的效果。以往市售多以日本進口商品為大宗，這兩年於大型超市或小農市集也能買到台灣在地商家的自製鹽麴。

不論是哪一種品牌的鹽麴，都可以和其他自己喜歡的辛香料組合，調和出各種不同風味用於不同食材上。

提前將雞腿均勻混合鹽麴咖喱風味醃料冷藏一晚，能使清晨的便當準備工作寬暢許多，烤箱料理始終都是煮婦上菜的省力大幫手。

便當食用建議：常溫食用。

蒲燒藕片 P.206

涼拌過貓 P.201

爐烤鹽麴咖喱雞腿排

材料

去骨雞腿⋯500g

醃料

鹽麴⋯30g
白醬油⋯30g
咖喱粉⋯5g
黑胡椒粉⋯1g
原色冰糖粉⋯5g

耐高溫植物油⋯15g

作法

1 混合除植物油以外的醃料備用。

2 去骨雞腿完全解凍，切成適當大小，擦乾水分。

3 將作法 1 充分揉入作法 2，使醃料均勻包覆雞腿排。

4 加入植物油再次揉勻，將醃好的腿排冷藏 12 小時入味。

5 進烤箱前三十分鐘從冰箱取出作法 4 回溫。

6 烤盤鋪烘焙紙、架上烤網，雞腿排皮面向上平鋪於烤網，以攝氏 200～220 度
烤 30 分鐘左右至全熟即完成。

韓式燒肉 P.132

地瓜小花 P.194

薑炒金針花 P.186

爐烤蒜香白花椰 P.201

CARROT

韓式燒肉便當

冷藏火鍋肉片是很好運用的食材，煮
湯、快炒，配合各式不同調味而有不同
口味變化。菜色靈感與冰箱庫存皆困乏
的時候，就近於超市購買新鮮的火鍋肉
片經常是最佳後援。

飯盒裡的小花與星星，是與白米一起炊
煮的地瓜片，預先用壓模取出造型，為
整體視覺增加小小的趣味。

便當食用建議：常溫食用。

韓式燒肉

材料

豬梅花火鍋肉片…200g

調味

蒜泥…1 小匙
韓式辣醬…2 小匙
韓式細辣椒粉…1 小匙
二砂…2 小匙
米酒…2 大匙
清水…1 大匙

作法

1 肉片一片片平攤在備餐盤上。

2 同時混合所有調味料、攪拌均勻，備用。

3 熱鍋加入適量韓式芝麻油（份量外），肉片以不重疊方式入鍋，
　中火雙面煎熟。

4 倒入預先備好的調味醬料，轉成中小火，使所有肉片都沾附醬汁。

5 醬汁稍微收乾後即可起鍋、盛盤。

料理筆記

這道菜很適合備餐時間較不充裕的時候上場，火鍋肉片易熟、使用韓式醬料調味的
成品十分下飯，再準備一些生菜與蒜片，便能輕鬆在家享用一餐異國風味料理。細
辣椒粉可以減量使用，降低辣度。豬肉要選購加熱後依然軟嫩的肉質（這份食譜使
用的是梅花肉片）。

醬燒蒜香梅花肉便當

一個星期五個便當日，幾乎都會準備不同
的主菜，維持帶便當的新鮮感，一方面讓
吃便當的人保有期待、同時做便當的自己
也比較不容易倦怠；若說準備便當有沒有
什麼準則，一路走來始終如一的應該就是
作法不能太複雜、從家常中找尋新意，像
是這份醬燒蒜香梅花肉，做法和薑汁燒肉
幾無二致，僅稍加改變醃料、醬汁配方及
肉片厚度，嚼起來便是完全不同的滋味。

便當食用建議：常溫食用

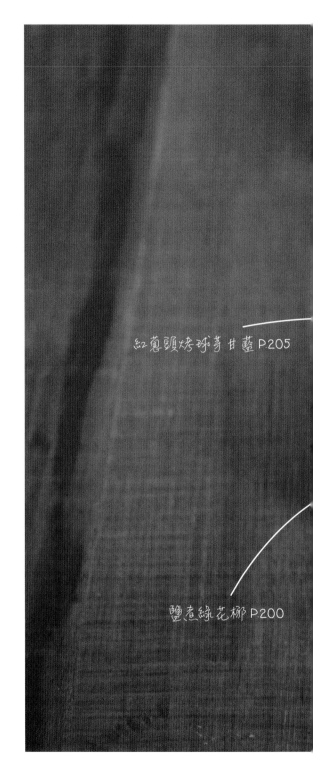

紅蔥頭烤球芽甘藍 P.205

鹽煮綠花椰 P.200

醬燒蒜香梅花肉 P.137

金平紅蘿蔔 P.197

乾燒鴻喜菇 P.183

醬燒蒜香梅花肉

材料（2～3人份）
梅花肉排…300g

醃料

蒜泥…5g
米酒…2大匙

片栗粉…50g

醬汁

蒜泥…10g
洋蔥泥…10g
細辣椒粉1小匙
糖…2小匙
4倍濃縮香菇醬油湯露…1大匙
米酒…2大匙
清水…1大匙
本味醂…1小匙

作法

1 梅花肉排加入醃料抓揉均勻，冷藏3小時以上或隔夜。

2 料理前三十分鐘將作法1取出回溫，並裹上片栗粉備用。

3 起油鍋中火將作法2煎至雙面上色但仍半熟狀態。

4 淋入預先調勻的醬汁，將火力稍微調小、翻動肉片使之入味，煮至醬汁濃稠發亮即完成。

🧊 料理筆記

肉排裹粉後需靜置反潮，防止入鍋油煎時掉粉。醬汁入鍋後，火力調整為中小火，避免太快燒乾；可視情況添加少量的水，讓肉片有更充裕的時間吸附醬汁。

私房糖醋魚片便當

老爸燒的糖醋料理是心中永遠第一，不論糖醋魚或糖醋排骨，鹹香酸甜鮮，吮指回味！

憑著儲存的記憶，我想複製自小喜歡的家庭味。

少了老爸熟稔的手路與火候，不過也因此我的糖醋魚免去油炸工序可簡單烹煮、調味容易拿捏適合小家煮婦、使用無刺魚片帶便當食用更方便。

便當食用建議：常溫不翻熱。

紫山藥炊飯

高湯煮綠花椰 P.200

私房糖醋魚片 P.140

Q潤水煮蛋 P.190

高湯煮青江菜 P.200

私房糖醋魚片

材料
無刺鬼頭刀魚排…250g
薑片…20g
蔥白…10g
鴻喜菇…100g

調味
番茄醬…2 大匙
糖…1 大匙
泰式魚露…1.5 大匙
金門高粱醋…1 大匙
米酒…2 大匙
清水…3 大匙

其他
片栗粉或太白粉…25g
新鮮檸檬汁…2 大匙（起鍋前加）

作法
1 魚排斜刀片開，在表面撒鹽（份量外，約 1/2 小匙），靜置 10 分鐘。
2 魚排拭乾水分，兩面均勻拍上薄薄一層粉，靜置 5 分鐘。
3 熱鍋冷油將魚排入鍋，雙面煎至金黃，盛起備用。
4 原鍋依序炒香薑片、蔥白（段），加入鴻喜菇炒至稍軟。
5 魚排回鍋，調味料預先調勻後一口氣倒入鍋內，讓魚排兩面皆充分吸附醬汁。
6 待醬汁收至濃稠發亮，沿著鍋邊淋下現擠檸檬汁，再次全體拌勻即可起鍋。

🧊 **料理筆記**
這份食譜的調味比例是以帶便當為前提而設計，因此醬汁幾乎會收乾，如果喜歡有多餘醬汁，請再酌量增加調料用量。

鹽味炸雞便當

紅蘿蔔的花蕊是跟隔壁鄰居鹽煮秋葵商借的小籽；素炸南瓜是處理鹽味炸雞之後緊跟著入鍋完成的；決定每天便當的主副菜同時也會試著在腦海裡想像成品的樣子，想著吃便當的人打開飯盒時會嘴角上揚，是想把便當變漂亮的動力。

便當食用建議：常溫食用、可不翻熱。

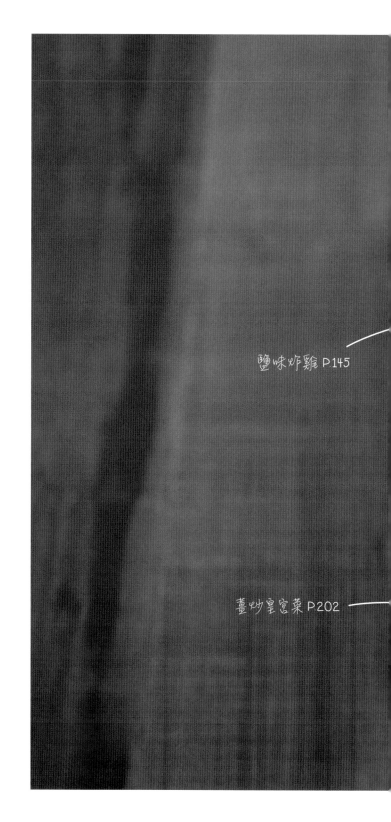

鹽味炸雞 P.145

薑炒皇宮菜 P.202

紅蘿蔔小花 P.194

鹽煮秋葵 P.209

櫻桃蘿蔔 P.190

素炸南瓜

鹽味炸雞與素炸南瓜

材料（2 人份）
雞胸肉…300g
南瓜塊…適量

調味料 A
冷開水…500ml
海鹽…1 大匙

調味料 B
薑泥…1 小匙
蒜泥…1/2 小匙
米酒…1 大匙
片栗粉…25g

炸油：玄米油＋韓式芝麻油

作法
1 冷開水加海鹽拌勻，將雞胸肉整片浸泡在鹽水中冷藏至少 10 小時
　（最多兩天）。
2 調理前將雞胸肉取出（鹽水捨去不用），切成適口大小，拌入調味
　料 B，靜置 30 分鐘回溫並且入味。
3 起油鍋，視鍋子大小調整炸油的用量，加一部分韓式芝麻油能增加
　香氣。
4 以中油溫（約攝氏 170 ～ 180 度）將作法 2 分次入鍋炸至金黃。
5 最後將分切、擦乾水分的南瓜塊炸至熟軟即完成。

🧊 **料理筆記**
家庭油炸用油量較少、鍋具也小，食材分批入鍋，避免油溫下降太多，
成品的口感才會好。

馬鈴薯香草雞球 P.149

高湯煮白花椰與甜豆爽 P.200

迷你飯糰 P.148

校外教學日野餐便當
馬鈴薯香草雞球與迷你飯糰

即便平日有學校團膳，但到了校外教學日
這天，經常需要自備餐盒做為午餐，這份
便當正是為了這樣一個充滿期待的日子而
設計：簡單、快速、不花太多時間（部分
食材可前一晚洗切備妥），但美味！

料理工序簡化、清晨現做完成度高；不論
主食、主菜或副菜都是適合與同學分享的
一口大小；是一份媽媽輕鬆煮、孩子開心
吃的野餐便當。

便當食用建議：常溫食用。

迷你飯糰

材料（1 人份）
白飯…240g
市售鮭魚鬆…30g
油菜花…1 小束

調味
海鹽…1 小撮
芝麻油…1 小匙

作法
1 起油鍋，用芝麻油將洗淨切小段的油菜花快炒，簡單以一小撮海鹽調味即可。
2 熱飯拌入鮭魚鬆及瀝乾湯汁的作法 1，分成四等分，再分別捏成橢圓形迷你飯糰。

 料理筆記

飯糰要趁熱捏才好成型；配合手邊便當盒的尺寸及形狀決定飯糰外觀，圓球狀或三角飯糰都好；這份食譜配合長形有深度的飯盒，因此我做成橢圓形，裝盒時以直立方式擺放，也有足夠空間再放其他配菜。

馬鈴薯香草雞球

材料（2人份）

去骨雞腿…1支（約300g）
迷你馬鈴薯…2顆
新鮮百里香…適量

醃料

小磨坊香蒜粒…1/2 小匙
玉泰白醬油…1 大匙
片栗粉…1 大匙

調味

原色冰糖粉…1 小匙
米酒…1 大匙
胡椒鹽…適量

作法

1 雞腿擦乾水分、分切成適合直接入口大小，以香蒜粒及白醬油抓揉均勻、靜置半小時，下鍋前再揉入片栗粉。

2 馬鈴薯洗淨帶皮分切成 8 小塊，入滾水氽燙 5 分鐘，撈起瀝乾水分後拌入 1 小匙片栗粉（份量外），備用。

3 熱鍋熱油投入作法 1，以中火煎成漂亮的焦黃色。

4 投入作法 2 及洗淨剪成約 1 公分的百里香，大略翻炒。

5 加入原色冰糖粉翻炒均勻，沿鍋邊淋下米酒。

6 撒入適量胡椒鹽，炒勻，即完成。

🥔 料理筆記

可前一晚先將雞肉醃好冷藏保存，節省備餐時間；馬鈴薯切塊以 500ml滾水加1小匙鹽的比例燙熟，同時可將副菜甜豆莢及白花椰一起入鍋，如此便順手完成鹽煮青菜兩款（甜豆莢氽燙1分鐘；白花椰可與馬鈴薯同時起鍋）。

迷你鮮蝦堡便當

吃的到滿嘴鮮甜，是自製鮮蝦堡迷人之處；沒有看不懂的添加物也不需要油炸，是它另一個討喜理由。唯一就是處理蝦泥需要花一些時間，但並不困難操作。喜歡鮮蝦料理的朋友應該都會喜歡的一道菜，時間有餘裕時請務必一試。

便當食用建議：不翻熱、常溫食用。

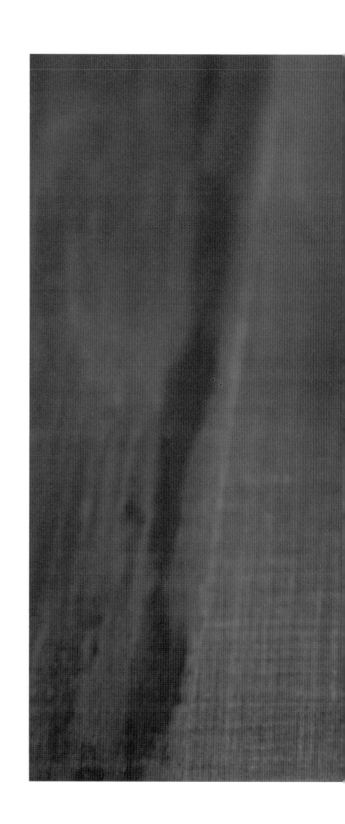

錦絲玉子 P.189

清炒蘆筍 P.196

櫻桃蘿蔔 P.190

迷你鮮蝦堡 P.153

鹽麴茭白筍 P.199

迷你鮮蝦堡

材料（3～4 人份）

新鮮蝦仁…330g
荷蘭芹…5g
蛋白…30g

調味

鹽…3/4 小匙
米酒…1 大匙
片栗粉…1 大匙
白胡椒粉…1/4 小匙

作法

1 蝦仁開背去腸泥，用鹽及太白粉（份量外）輕輕搓洗、拭乾水分備用。

2 荷蘭芹切末、作法 1 切成小丁再以輕剁方式帶出黏性成為蝦泥。

3 將作法 2、蛋白及所有調味料投入料理缽，用手混拌均勻後，密封冷藏半小時。

4 取出作法 3 稍微回溫，利用湯匙挖出蝦泥，保持適當距離一一入鍋（熱鍋熱油）。

5 待單面定型後再翻面，兩面煎成漂亮的焦黃色同時中心也熟透即完成。

🍱 **料理筆記**

熟透的蝦堡用鍋鏟輕壓會有緊實手感。荷蘭芹可以用芹菜末或甜羅勒葉替代，風味雖略有不同，但同樣鮮美可口。這份食譜使用的蛋白是一顆雞蛋的量。如果要蘸番茄醬食用，調味的鹽可減至1/2小匙。

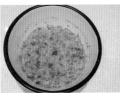

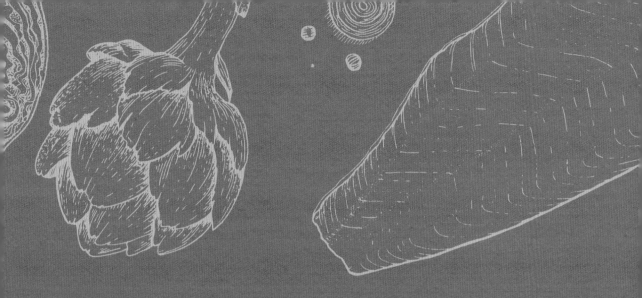

3

Lunch box

輕鬆備料
速簡餐

嫩煎雞胸與
太陽蛋蒜香義大利麵

材料（1 人份）

雞胸肉⋯100g
新鮮雞蛋⋯1 顆
墨魚義大利麵⋯70 ～ 80g
蒜片、辣椒⋯各適量
平葉巴西里切末⋯適量

調味

初榨橄欖油⋯適量
巴薩米克紅酒醋⋯2 大匙

作法

1 煮鍋足量的水，滾起後加入 1% 的鹽，再次滾起時將義大利麵投入，依包裝標示時間減少一分鐘計時煮麵。

2 等待水滾及煮麵的同時來準備其他食材：

  a 將泡過鹽水（註）且已回溫的雞胸肉拭乾，入鍋煎至金黃焦香並且全熟狀態，備用。

  b 煎一顆周邊微焦、蛋黃半熟的太陽蛋。

  c 將巴薩米克紅酒醋倒入醬汁鍋，煮滾、將酸味煮掉，留下香甜風味。

3 取熱炒鍋，倒入多一點的橄欖油，從冷油開始將蒜片、辣椒炒出香氣直到蒜片呈現漂亮焦黃色，將已經 9 分熟的麵條撈至炒鍋內（帶著些許水分沒關係）與香蒜辣椒橄欖油混拌均勻，如果覺得太乾，再加一點煮麵水進來。

4 作法 3 趁熱盛盤，同時將雞胸肉切片置於麵條旁，太陽蛋放在麵條上。

5 淋下適量煮過的巴薩米克醋，撒下巴西里碎，趁熱享用！

🍲 料理筆記

雞胸肉泡鹽水、烹煮後可保持肉質軟嫩不乾柴。肉與鹽水比例及巴薩克紅酒醋更詳細煮法請參考第113頁「香煎軟嫩雞胸肉佐巴薩米克醋」作法。

娃娃菜麻油雞湯泡飯

材料（3 人份）
老薑切片⋯30g
帶骨雞腿切塊⋯600g
高山娃娃菜⋯1 包（200g）
白飯⋯適量

調味
米酒⋯200ml
海鹽⋯1/2 大匙
熱開水⋯1200ml

作法
1 混合黑麻油及玄米油各 2 大匙，從冷油開始將老薑片慢慢煸至香氣飄出、微焦、微捲。

2 投入拭乾水分的雞肉，將帶皮面煎至金黃，翻面煎到完全斷生。

3 淋下米酒，煮滾後再煮幾分鐘。

4 加入熱開水，煮滾，撈除浮沫，小火續煮 15 分鐘。

5 投入娃娃菜，滾起後再煮 5 分鐘，最後以鹽巴提鮮調味即完成。

🍚 **料理筆記**
高山娃娃菜選購以葉片色澤偏黃為佳，口感較為細嫩。

白酒蛤蜊蘆筍燉飯

材料（2 人份）

義大利卡納羅利米…160g
蛤蜊…200g
蘆筍…60g
蒜末…10g
洋蔥末…30g
帕馬森起司及平葉巴西里碎…適量

調味

白酒…180ml
雞高湯…500ml
海鹽、黑胡椒…適量
初榨橄欖油…2 大匙

作法

1 準備有蓋子且蓄熱良好的鍋子，從冷油開始兩圈小火慢慢
　將洋蔥末及蒜末炒出香氣。

2 投入卡納羅利米輕輕拌炒直到米粒微微透明化。

3 分兩次加入白酒煮至完全被米粒吸收。

4 分多次加入 400ml 高湯，維持 2 圈小火，輕輕攪拌，等高
　湯被米粒吸收再續加，直到高湯全數用完。

5 最後加入 100ml 高湯、蛤蜊及蘆筍，加蓋燜煮 10 分鐘。

6 刨入帕馬森起司混拌均勻，試試味道，需要的話以適量海
　鹽及黑胡椒調味，最後以平葉巴西里末及現刨起司飾頂即
　完成。

料理筆記

沒用完的白酒，可拿來做第177頁的「番茄洋菇雞腿煲」。

鹽麴胡麻蕎麥麵

材料（1 人份）
蕎麥麵…90g
水波蛋…1 顆
晚香玉筍（或任何蔬菜）…隨喜
青蔥末…隨喜

醬料
信成胡麻醬…1.5 大匙
鹽麴…1 小匙
玉泰白醬油…1/2 小匙
熱開水…3 大匙
胡麻油…1 小匙

作法
1 煮一鍋水，滾起後依序完成水波蛋、燙青菜與麵條。
2 利用作法 1 的工序空檔，調製醬料；混合除胡麻油以外的材料，攪拌均勻後拌入胡麻油調勻。
3 依包裝指示時間將麵條煮熟、瀝乾水分撈進碗裡。
4 淋上調好的醬料，擺上水波蛋與青蔬，即可開動。

🍙 **料理筆記**
水波蛋煮法：小口徑深鍋裝水7分滿煮開後轉成小火，雞蛋打入耐熱小碗（蛋黃保持完整），用長筷在鍋子中央水面下快速畫圓，製造出小漩窩後，移開長筷，同一時間隨即將雞蛋滑入漩窩中，計時四分鐘，煮出蛋黃半熟的水波蛋。

鹽麴雞柳咖喱薯泥杯

材料（4 人份）

薯泥
馬鈴薯去皮淨重…500g
熱鮮奶…180ml
黑胡椒粉…適量
咖喱粉…1 小匙
蒜泥…1/2 小匙
海鹽…3/4 小匙

鹽麴雞柳
雞柳…400g
鹽麴…40g

其他
荷蘭芹、櫻桃蘿蔔、蘿蔓葉…裝飾用 （無則略）

咖喱薯泥作法

1 馬鈴薯泥去皮切片（厚度約 0.5 公分），蒸 30 分鐘燜 5 分鐘，趁熱壓成泥。

2 熱鮮奶加海鹽拌勻，分三次加至作法 1，再拌入咖喱粉及蒜泥，全體拌勻即完成咖喱風味薯泥。

鹽麴雞柳作法

1 提前一天將鹽麴與雞柳揉勻，冷藏保存。

2 準備薯泥時將醃好的雞柳放到室溫下回溫（約 30 分鐘）。

3 烤盤鋪烘焙紙，雞柳不重疊置於烘焙紙上，在雞柳表面刷上耐高溫植物油（份量外），以攝氏 210 度烤 15 分鐘左右至全熟。

4 靜置五分鐘，分切成適口大小，佐些許黑胡椒粉增香。

🍱 料理筆記

將咖喱薯泥及鹽麴雞柳組合起來，用喜歡的容器盛裝，如果有的話，再加上蘿蔓葉、櫻桃蘿蔔及荷蘭芹稍加裝飾。

洋蔥燒肉豆腐飯

材料（1 人份）
板豆腐 1/2 塊…約 200g
冷藏梅花火鍋肉片…100g
洋蔥…80g
黑木耳…20g

醃料
玉泰白醬油…2 小匙
清酒…2 小匙
白胡椒粉…少許

調味
金桃八月醬油…1/2 大匙
本味醂…1/2 大匙
清酒…1/2 大匙
原色冰糖粉…3/4 小匙
清水…1 大匙

作法
1 板豆腐用廚房紙巾包覆、置於不鏽鋼粗目篩網，上方壓重物靜置 40 分鐘，排出豆腐水分。
2 等待豆腐排出水分的空檔，將肉片和醃料混拌，靜置入味同時也讓肉片回溫。
3 洋蔥及黑木耳分別切絲，調味的醬料混合均勻備用。
4 將作法 1 用搗泥器壓碎，入鍋（不沾鍋免放油）中小火翻炒至全體受熱均勻、更加乾鬆，炒好的豆腐飯直接盛入大碗備用。
5 起油鍋，加入 1 小匙油（份量外），中火將洋蔥及黑木耳炒軟，投入肉片翻炒至上色。
6 倒入事先備好的醬料，大略翻動肉片使醬色均勻，直至醬料收束。
7 作法 6 起鍋置於炒好的豆腐飯上，即可開動。

納豆泡菜豆腐飯

材料（1 人份）

板豆腐 1 塊⋯約 400g
日式納豆 1 盒⋯約 50g
韓式泡菜⋯適量
毛豆、紫蘇葉及櫻桃蘿蔔⋯隨喜

調味

芝麻香油⋯適量

作法

1 板豆腐用廚房紙巾包起、置於粗目篩網，上方壓重物靜置 40
  分鐘排出豆腐水分。
2 將作法 1 用搗泥器壓碎，入鍋（不沾鍋免放油）中小火翻炒
  至全體受熱均勻、更加乾鬆。
3 納豆與附加的醬汁混合用筷子畫圓攪拌至出現黏性。
4 泡菜稍微剪成適合入口的大小，與作法 3 混合。
5 組合作法 2、4，淋下適量芝麻香油即可開動；方便的話再多
  加毛豆、紫蘇葉及櫻桃蘿蔔增色增香。

🍶 料理筆記

納豆與韓式泡菜都是有益消化的發酵食物，滋味濃厚，與味道清
淡的豆腐飯搭配十分合拍。

滑蛋雞肉豆腐飯

材料（2 人份）

去骨雞腿…1 支（約 300g）
板豆腐…1 塊（約 400g）
豆苗…40g
洋蔥絲…100g
雞蛋…2 顆

醬汁

玉泰白醬油…2 大匙
本味醂…2 大匙
清酒…2 大匙
冷開水…2 大匙
海鹽…1/8 小匙

作法

1 板豆腐用廚房紙巾包覆、置於不鏽鋼粗目篩網，上方壓重物靜置 40 分鐘，排出豆腐水分。

2 雞腿去皮斜切成適口大小；混合醬汁攪拌均勻備用；雞蛋打散，加 2 大匙冷開水（份量外）打勻。

3 將作法 1 用搗泥器壓碎，入鍋（不沾鍋免放油）以中火拌炒至乾鬆，起鍋前投入洗淨瀝乾水分的豆苗炒軟，分成 2 份盛盤。

4 起油鍋（油量 1 大匙）將洋蔥炒鬆，隨即投入雞肉半煎半炒至斷生上色，淋下一半份量的醬汁，煮至醬汁收乾，起鍋備用。

5 原鍋倒入剩餘醬汁以中小火煮至滾起後將蛋汁淋入，以鍋鏟混合，蛋液半熟時即可離火。

6 作法 4、5 分成 2 等份與作法 3 組合即完成，食用時可添一點七味粉或黑胡椒粉增加香氣。

🍚 **料理筆記**

切雞腿肉時採斜刀分切以減少肉塊厚度，料理時較快熟透。

三杯雞豆腐飯

材料（1 人份）
去骨雞腿…1 支（約 250g）
老薑…10g
青蔥…1 支
大蒜…3 瓣
辣椒…1 支
九層塔…15g
板豆腐…200g

調味
糖…1 小匙
金桃八月醬油…1 大匙
玉泰醬油膏…1 大匙
米酒…4 大匙
麻油…1 大匙

豆腐飯作法
1 板豆腐用廚房紙巾包覆、置於不鏽鋼粗目篩網，上方壓重物靜置
  40 分鐘，排出豆腐水分。
2 作法 1 用搗泥器壓碎，入鍋（不沾鍋免放油）中小火翻炒至全體受
  熱均勻、更加乾鬆，炒好的豆腐飯直接盛入大碗備用。

三杯雞作法
1 薑切片、蔥及辣椒斜刀切段、大蒜去皮、九層塔洗淨瀝乾水分、雞
  腿去皮切成適口大小。
2 起油鍋，以中火從冷油開始投入薑片炒出香氣。
3 雞腿入鍋半煎半炒至斷生，將大蒜、蔥及辣椒投入，大略翻炒。
4 雞腿上色後，加糖拌炒至融化，火力調為中小火。
5 沿鍋邊淋下醬油、醬油膏及米酒，稍微翻炒均勻隨即加蓋燜煮 5 分
  鐘。
6 見鍋內醬汁轉為濃稠發亮便將九層塔入鍋，快速翻炒數下即可起
  鍋。

麻油雞菇菇炊飯

材料（3 人份）
白米…240g
去骨雞腿（肉雞）…500g
老薑薑片…25g
美姬菇…150g

醃料
玉泰白醬油…2 大匙
米酒…2 大匙

調味
雞高湯…230ml
玉泰白醬油…1 大匙

其他
黑麻油…2 大匙
玄米油…1 大匙

作法

1 美姬菇切除根部、老薑洗淨去皮切薄片、去骨雞腿切成適口大小，揉入醃料靜置備用。

2 白米淘洗數次至洗米水轉為清澈，將洗好的米置於篩網瀝乾水分備用。

3 起油鍋，中小火從冷油開始將老薑慢慢煸炒，直到水分抽乾、薑片呈捲曲狀。

4 轉為中大火將雞腿入鍋，皮面向下煎至焦黃再翻面煎至上色後投入美姬菇大略翻炒。

5 依序將白米、作法 4 平鋪在飯鍋內，加入雞高湯、白醬油，切至快煮模式炊飯。

6 時間到以飯匙將飯翻鬆，續燜 5 分鐘即完成。

番茄洋菇雞腿煲

材料（4 人份）

去骨雞腿…800g
洋菇切厚片…200g
洋蔥切大丁…200g
蒜末…20g
熱炒油…2 大匙

調味

白酒…100ml
罐頭番茄沙司…400g
月桂葉…1 片
小磨坊香蒜粒…1 小匙
義大利香料…1 小匙
海鹽…1/2 小匙
現磨黑胡椒…1/2 小匙
罐頭綠橄欖…6 顆（可略）
熱水…100ml

作法

1 起油鍋，從冷油開始中小火將洋蔥炒至上色。

2 加入洋菇改為中火炒到香氣四溢並且焦糖化。

3 洋蔥及洋菇暫時盛出備用。

4 雞肉半煎半炒至斷生上色，投入蒜末炒香。

5 加入白酒煮滾、收至半乾時將作法 3 回鍋，同時投入罐頭番茄沙司、義大利香料、香蒜粒及月桂葉。

6 稍微翻炒均勻，注入熱水加蓋燉煮，等鍋邊冒出白煙後轉為小火慢燉 30 分鐘，中途稍微翻動防止黏鍋。

7 加入海鹽、綠橄欖及現磨黑胡椒調味，維持鍋內小滾狀態、續煮 5 分鐘左右讓湯汁稍微收束即完成。

🧈 **料理筆記**

洋菇炒至焦糖化也是這道燉肉香氣來源之一，洋菇入鍋後不需要太勤快翻炒，適當的靜置及足夠的火力便能炒出香氣。

韓式泡菜雞肉蓋飯

材料（2 人份）
韓式泡菜…150g
雞胸肉片…200g
蒜片…5g

醃料
玉泰白醬油…1/2 大匙
白胡椒粉…1/8 小匙
片栗粉…1/2 大匙
胡麻油…1/2 大匙

調味
原色冰糖粉…1/2 小匙
米酒…1 大匙
魚露…1 小匙
新鮮檸檬汁…1 大匙

熱炒油…2 小匙

作法
1 雞胸肉片依序分次拌入醃料備用。
2 起油鍋，熱油後投入作法 1，將肉片一一攤平均勻受熱。
3 待肉片周圍顏色轉白，翻面續煎，同時加入蒜片。
4 投入冰糖粉，融化後加入韓式泡菜、米酒及魚露翻炒均勻。
5 最後淋下新鮮檸檬汁炒勻即可起鍋。

🧊 **料理筆記**
雞胸肉可預先醃拌，依需求冷藏或冷凍備用，用這份食譜的方式醃好的雞胸
肉片，口感十分軟嫩，燙煮後食用亦非常可口。

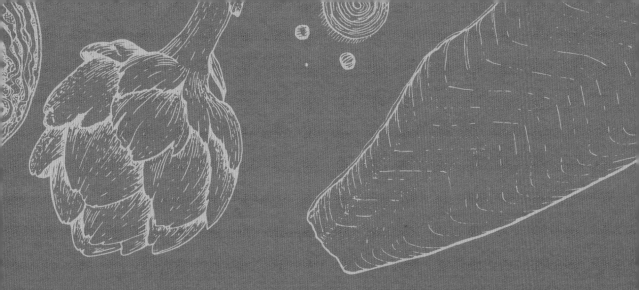

4

Lunch box

副菜
便當的配角們

香炒洋菇

材料（2 人份）

洋菇…200g
蒜片…10g
綠橄欖切片…10g
九層塔…10g

調味

玉泰白醬油…1/2 大匙
米酒…1/2 大匙
海鹽…1/8 小匙
黑胡椒粉…適量

熱炒油…1 大匙

作法

1 洋菇快速沖水洗去表面細土，擦乾、對半切開。
2 起油鍋，熱鍋時投入作法 1，大略翻炒後加入蒜片
  和綠橄欖炒出蒜香。
3 入白醬油及米酒炒勻，此時洋菇開始釋出水分，靜
  置鍋內食材以中大火收汁。
4 待湯汁收乾，均勻撒下海鹽、黑胡椒粉，投入九層
  塔，拌勻即可盛盤。

蒜香蝦皮球芽甘藍

材料（2 人份）

球芽甘藍…100g
蒜片…5g
蝦皮…2g

調味

海鹽…1/4 小匙

熱炒油…2 小匙

作法

1 球芽甘藍對半切、洗淨，入滾水（份量外）汆燙 1
  分鐘。
2 熱鍋熱油投入瀝乾水分的作法 1，大略翻炒後讓切
  面貼著鍋底煎出漂亮的焦色。
3 投入蒜片和蝦皮一起拌炒，聞到香氣後加鹽調味，
  炒勻。

香檸松本茸

材料（1 人份）

松本茸⋯2 個

調味

海鹽⋯2 ～ 3 小撮
黑胡椒粉⋯少許
新鮮檸檬汁⋯2 小匙

熱炒油⋯1 小匙

作法

1 松本茸分別縱向分切成 4 片
2 熱鍋熱油後將作法 1 平鋪在鍋底，
3 用中火烹調，將兩面皆煎至上色。
4 輕撒些許海鹽、黑胡椒粉，最後淋下現擠檸檬汁拌勻即可。

🫕 **料理筆記**

切片松本茸受熱後會略為彎曲，可用鍋鏟壓著幫助上色。

乾燒鴻喜菇

材料（2 人份）

新鮮鴻喜菇⋯1 包（約 100 g）

調味

海鹽⋯2/3 小匙
黑胡椒粉⋯適量

熱炒油⋯2/3 大匙

作法

1 開中火，冷鍋時將鴻喜菇用手掰成一束一束貼著鍋底擺放。
2 鍋子燒熱後，均勻淋下熱炒油，大略翻炒鍋中食材讓所有鴻喜菇都有沾附油脂。
3 隨後靜置不翻動，待貼著鍋底的那面燒上色後再翻面，蕈菇熟軟後簡單以鹽及黑胡椒粉調味即完成。

蒜炒桂竹筍

材料
市售熟桂竹筍…500g
大蒜切片…20g
辣椒…1～2 支（視口味選擇辣椒品種）

調味
糖…0.5 大匙
玉泰白醬油…2 大匙
金蘭松露醬油…2 大匙

熱炒油…2.5 大匙

作法
1 桂竹筍洗淨，順紋撕成細長條狀後切段（大約 4～5 公分），入滾水再次燙煮瀝乾水分備用。
2 起油鍋從冷油開始以中小火炒香蒜片，聞到香氣後投入作法 1 及辣椒大略翻炒。
3 入糖、白醬油、松露醬油，翻炒均勻，加蓋燜煮 5～7 鐘至水分收乾，即可起鍋。

蠔油黃豆芽

材料
黃豆芽…100g
蔥段…10g

調味
米酒…1 大匙
香菇素蠔油…2 小匙

熱炒油…2 小匙

作法
1 黃豆芽剪去鬚根（隨個人喜好，去掉鬚根口感較好），洗淨瀝乾水分。
2 中小火起油鍋，油尚未很熱時便投入蔥段炒出香氣。
3 黃豆芽入鍋，大略翻炒而後加入米酒，蓋上鍋蓋燜煮 3～5 分鐘至水氣收乾。
4 開蓋以香菇素蠔油調味，炒勻入味即可起鍋。

清炒晚香玉筍

材料（2人份）
晚香玉筍⋯4支

調味
米酒⋯2小匙
海鹽⋯1/4小匙

熱炒油⋯2小匙

作法
1 晚香玉筍洗淨削去根部纖維粗糙部分，斜切成適口長度，花苞部分對半切開。
2 起油鍋，油溫上來後再投入作法1，淋下米酒大略翻炒。
3 待酒精揮發、全體轉熟綠即可加鹽調味，炒勻起鍋。

洋蔥炒鮮菇

材料（2人份）
洋蔥⋯50g
新鮮大香菇⋯3朵（125g）

調味
清酒⋯1/2大匙
海鹽⋯1/4小匙
現磨黑胡椒粉⋯適量

熱炒油⋯2小匙

作法
1 洋蔥切粗絲、鮮菇蕈傘切成厚片（蕈柄可留著煮湯），備用。
2 熱鍋熱油投入新鮮香菇厚片，大略翻炒後以不重疊的方式讓菇片均勻受熱，並且煎到兩面上色。
3 投入洋蔥絲、撥散，翻炒至微軟，淋下米酒、加鹽調味炒勻，盛盤後撒上現磨黑胡椒粉即可享受洋蔥及香菇鮮甜滋味。

薑炒金針花	辣炒香蔥四季豆

薑炒金針花

材料（4 人份）
金針花…150g
薑絲…5g

調味
海鹽…1/4 小匙

熱炒油…2 小匙

作法
1 新鮮金針花洗淨，入滾水氽燙 30 秒左右，撈起瀝乾水分。
2 起油鍋從冷油開始炒香薑絲，聞到香氣後將作法 1 入鍋。
3 大略翻炒至熟軟，入鹽調味，炒勻即可盛盤。

🍲 **料理筆記**
新鮮金針花料理前除泡水洗淨外，多一道氽燙程序主要是為了降低其中所含的秋水仙鹼成分。秋水仙鹼如果量多經胃腸道吸收後，易引起腹瀉。因此新鮮金針花清炒雖然美味，但不宜多食，淺嚐即可。

辣炒香蔥四季豆

材料（2 人份）
四季豆…100g
紅蔥頭…10g
青蔥蔥白…5g

調味
原色冰糖粉…1/4 小匙
清酒…2 小匙
泰式魚露…1.5 小匙

熱炒油…2 小匙

作法
1 四季豆洗淨切除頭尾、分切成段；紅蔥頭及蔥白切末。
2 熱鍋冷油投入蔥紅頭末炒出香氣，加入蔥白大略翻炒。
3 投入四季豆，炒至外觀轉為熟綠，均勻撒糖炒至融化。
4 淋下米酒、魚露，翻炒均勻。

醬燒杏鮑菇

材料（2 人份）
杏鮑菇…150g

調味
玉泰白醬油…1 大匙
清酒…1/2 大匙
本味醂…1/2 大匙
清水…1 大匙

熱炒油…2 小匙

作法
1 混合所有調味料備用。
2 杏鮑菇輪切 2 公分厚，雙面劃上十字交錯格紋幫助入味。
3 使用不沾鍋在乾鍋內平均間隔放入作法 2，開中火加熱
4 聞到香氣時翻面同時均勻淋下熱炒油。
5 等到雙面都煎上色並且變軟的時候，將作法 1 入鍋並將火力稍微調弱，讓醬汁有足夠時間充分被杏鮑菇吸收。
6 待醬汁轉為濃稠發亮即可起鍋。

香煎寶島洋蔥佐鹽之花

材料
台灣洋蔥…1 顆

調味
鹽之花…適量

作法
1 洋蔥切去頭尾、去皮，順紋方向對半分切。
2 接著逆紋切成 1 公分厚的半月型厚片。
3 使用不鏽鋼串叉將作法 2 固定。
4 熱鍋添加適量橄欖油，將作法 3 雙面煎至表面上色，盛盤後輕撒少許鹽之花。

肉末筍丁

材料

熟桂竹筍…500g
豬絞肉…100g
蒜末…10g
蔥白末…5g

調味

本味酥…1.5 大匙
玉泰白醬油…2 大匙
金蘭松露醬油…3 大匙
米酒…2 大匙
白胡椒粉…少許

熱炒油…1 大匙
熱炒油…2 大匙

作法

1 桂竹筍順紋撕成條狀再切丁，入滾水氽燙後瀝乾備用。
2 熱油鍋（油1大匙）將絞肉炒熟，過程中絞肉會出水，耐心等待水分收乾後投入蒜末及蔥白末炒出香氣。
3 （添入熱炒油2大匙）投入作法1，依序下調味料（白胡椒粉除外），翻炒均勻，加蓋燜煮 5 ～ 7 分鐘讓湯汁收乾，起鍋前撒些白胡椒粉即完成。

腐皮雪裡蕻

材料（4 人份）

雪菜洗淨切末…200g （擰乾水分）
腐皮切丁（湯葉）…80g
薑末…5g

調味

原色冰糖粉…2 小匙
紹興酒…1 大匙
海鹽…1/4 小匙

熱炒油…1 大匙

作法

1 從冷油開始將薑末炒香，投入腐皮丁翻炒。
2 雪菜末入鍋，用筷子撥鬆，加入糖炒溶。
3 淋下紹興酒炒勻、加鹽調味即完成。

🧈 **料理筆記**

鹽的用量視雪菜鹹度調整；市售雪菜使用前需重覆沖水換水洗去細砂雜質及多餘鹽分；也可參考P.211自製雪裡蕻。

玉子燒

材料

雞蛋…3 顆

調味

無鹽高湯或鮮奶…80ml
原色冰糖粉…1/2 小匙
海鹽…1/8 小匙

熱炒油…適量

作法

1 混合調味料,糖確實融化後與打散的蛋液混拌均勻。
2 玉子燒鍋加熱,倒入熱炒油用廚房紙巾抹勻。
3 倒入適量作法1,稍微搖動鍋子使蛋汁平均流動。
4 待蛋汁轉為半熟蛋皮,以筷子捲起。
5 鍋內重新抹油,重覆作法 3 ～ 4。
6 重覆作法 3、4、5 直到所有蛋汁用完。

🍳 料理筆記

做好的玉子燒可用壽司捲簾包覆捲起,輔助定型,待降溫後再做分切,比較容易切得漂亮。作法5以後每倒入新的蛋汁,用筷子將前一動做好的蛋捲稍微抬起,讓蛋汁可以佈滿整個鍋子,也能跟蛋捲半成品確實結合。

錦絲玉子

材料

雞蛋…1 顆
鹽…1 ～ 2 小撮

作法

1 雞蛋打散、加鹽仔細拌勻。
2 取用 28 公分的不沾平底鍋,用廚房紙巾在鍋底抹上薄薄一層油。
3 中小火稍微熱鍋後,將作法 1 入鍋,同時輕輕搖動鍋子讓蛋液均勻流散成為完整的圓形蛋皮。
4 蛋皮最外圍開始結皮時,小心將蛋皮翻面,稍微再煎一下便可起鍋。
5 放涼後切絲即為錦絲玉子。

Q 潤水煮蛋佐鹽之花

材料

新鮮雞蛋…4 顆

清水…適量

調味

鹽之花…少許

作法

1 雞蛋與常溫清水裝進小鍋，水量約超過雞蛋 1 公分。

2 開中火加熱（此時不加蓋）。

3 待鍋內水量全體沸騰，熄火、加蓋，計時 6 分鐘。

4 準備一個容量足夠的調理缽，裝入冰塊和過濾水或冷開水。

5 計時器時間到時，將作法 3 撈出置入作法 4。

6 充分降溫後剝殼沾取少許鹽之花食用。

🧂 料理筆記

雞蛋使用冷藏蛋或室溫蛋皆可。雞蛋烹煮前可用雞蛋打洞器（見附圖）在氣室（鈍）端打一個小洞，煮好的蛋比較容易剝殼。

櫻桃蘿蔔

可在花市買種籽自己種植，大約一個月左右能夠收成。自己栽種得以享受微型自耕樂趣，鮮採鮮吃，當作生菜沙拉食用，不需要額外多加調味。

較大型的菜市場現在也能買到台灣或進口的櫻桃蘿蔔，如果離採收日不遠，買回家後妥善冷藏，可以保鮮兩個星期。

偶爾切開時會有纖維較粗的情況，那樣的話可以改切成絲，拌入壽司醋與白飯搭配，做成櫻桃蘿蔔小飯糰，也很討喜可口。

🧂 料理筆記

家裡食用的櫻桃蘿蔔，除了由另一半栽種，也會從濱江內市場或士東市場購入。

芥末籽醬拌綠花椰

材料（2 人份）
綠花椰菜…120g
第戎芥末籽醬…1/2 小匙

作法
1 綠花椰入滾水汆燙 90 秒，撈起瀝乾水分。
2 拌入芥末籽醬混拌均勻。

茭白筍炒蛋

材料（1 人份）
茭白筍切絲…50g
雞蛋…1 顆
蔥末…20g

調味
海鹽 -a…1 小撮
海鹽 -b…1/8 小匙
白胡椒粉…適量

熱炒油…2 小匙

作法
1 雞蛋打散加 1 小撮鹽（a）充分拌勻備用。
2 熱油鍋、投入茭白筍絲炒至熟軟。
3 加入蔥末一起翻炒至聞到蔥香，撒下海鹽（b）炒勻。
4 將作法 1 平均倒入鍋內且暫不翻動，待蛋液半熟再翻面煎至全熟，表面有些微焦更香。
5 起鍋前添些許白胡椒粉增加香氣。

市售海苔酥

除了和白飯一起捏成飯糰很受食客喜愛，也能加進湯裡或炒飯做為配料，這是韓式海苔酥的魅力；偶爾便當菜色略有不足的時候，亦能夠做為配菜填補飯盒的空缺。

哪裡買

美式大賣場 COSTCO 不定期有特賣組合，或是百貨超市的韓國食品櫃也能購得。

韓式甜不辣

材料
甜不辣…200g

調味
蒜泥…3g
米酒…1 大匙
韓式辣醬…1 小匙
韓式辣椒粉（細）…1/2 小匙
原色冰糖粉…1/2 小匙
清水…2 大匙

韓國芝麻油…1/2 大匙

作法
1 混合所有調味料（包括清水），仔細攪拌使糖融化，備用。
2 熱鍋，加入韓國芝麻油、投入甜不辣大略翻炒後靜置，使表面上色。
3 留意不要燒焦，甜不辣變軟之後一口氣投入作法1，拌炒至收汁。
4 盛盤後淋少許韓式芝麻油（份量外）增香。

各色小花

材料
紫地瓜
黃地瓜
紅蘿蔔
綠花椰菜梗

作法

根莖類食材大都適合用壓模切割造型，為便當增添視覺變化。先切下適當厚度，再使用壓模取出造型。尤其不是很好處理的綠花椰菜梗，利用這樣的方式可以很容易將中間嫩口的部分取出食用，既方便又省時。

進階作法

1 用水果刀在造型小花兩片花瓣連接處至中心直刀劃下，深度約是小花厚度的四分之一或五分之一。
2 改成斜切，在花瓣劃下另一刀，刀口同樣停在中心點。
3 取下作法 1 及 2 所切下的部分就能讓造型小花更有立體感。
4 重覆作法 1 及 2，直到整朵小花完成。
　地瓜及紅蘿蔔小花可與白米同煮，省時省力；綠花椰小花則和其花蕾一起烹煮，或燙或蒸或炒。

開花宣言

原形是 1 公分左右的流蘇狀乾燥麵條，主要由馬鈴薯澱粉製成；家庭旅遊時在京都錦市場內「田邊屋商店」購得。

「開花宣言」是產品名稱，帶著一份風雅意趣。

將它們投入攝氏 180 度熱油中，只需幾秒鐘便會如花一般綻放。

偶爾添置在飯盒內，除有配色效果，也能再三回味全家一起旅行時的愜意風景。

金平藕片

材料（2 人份）
去皮蓮藕…100g

調味
原色冰糖粉…1/2 小匙
玉泰白醬油…1.5 小匙
本味醂…1/2 小匙

熱炒油…1.5 小匙

作法
1 蓮藕切薄片、每片再分切成 4 小塊。
2 熱鍋冷油投入作法 1 大略翻炒後以不重疊方式將藕片煎至兩面皆上色。
3 均勻撒入原色冰糖粉，融化後再下白醬油及本味醂翻炒均勻即完成。

清炒蘆筍

材料（1 人份）
蘆筍洗淨切段…60g
蒜片…3g

調味
米酒…1 小匙
清水…2 小匙
海鹽…1/8 小匙

熱炒油…1.5 小匙

作法
1 冷鍋冷油投入蒜片，中小火炒至聞到香氣。
2 投入蘆筍，隨即淋下米酒及清水（可預先備妥於小碗），加蓋將火力調為中火。
3 待鍋邊冒出白煙，開蓋加鹽調味翻炒均勻即可盛盤。

金平紅蘿蔔

材料（2 人份）

紅蘿蔔絲…100g
原色冰糖粉…1/2 小匙
本味醂…2 小匙
海鹽…1/4 小匙
熟白芝麻…適量

熱炒油…2 小匙

作法

1 起油鍋，中小火將紅蘿蔔絲炒軟。
2 加糖炒至融化、淋下本味醂炒勻。
3 以海鹽做最後調味，再拌入適量白芝麻即成。

韭黃炒豆芽

材料（2 人份）

韭黃…100g
綠豆芽去鬚根…150g
蒜片…10g
辣椒切絲…適量

調味

米酒…2 小匙
海鹽…3/4 小匙

熱炒油…1 大匙

作法

1 韭黃洗淨切成 4 公分段；綠豆芽摘去鬚根。
2 冷鍋冷油炒香蒜片和辣椒，投入韭黃翻炒 1 分鐘。
3 加入綠豆芽、米酒拌炒，待綠豆芽由生轉熟時加鹽調味。

香煎藕片佐巴薩米克醋

材料（1～2 份）
蓮藕去皮…50g

調味
巴薩米克紅酒醋…2 大匙

熱炒油…2 小匙

作法
1 蓮藕切成 0.5 公分薄片，再分切成四小塊，泡水備用。
2 迷你醬汁鍋倒入巴薩米克紅酒醋煮至滾起，持續加熱至醋汁收束，酸味揮發，並且有微微濃稠感，隨即離火備用。
3 熱鍋熱油，將作法 1 瀝乾水分投入鍋內，半煎半炒至雙面上色。
4 作法 3 盛盤，淋上作法 2 即完成。

🍳 料理筆記
沒有使用完的巴薩米克醋煮醬，用來當作生菜沙拉淋醬或者蘸食新鮮草莓、無花果也很適合。

番茄炒蛋

材料（4 人份）
完熟牛番茄…2 顆
雞蛋…4 顆
青蔥…1 支
大蒜…2 瓣

調味
玉泰白醬油…1 小匙
原色冰糖粉…2 小匙
米酒…2 大匙
番茄醬…2 大匙

熱炒油…1 ＋ 1 大匙

作法
1 番茄去皮切成適口大小；雞蛋打散加入白醬油拌勻；蔥切末、蒜切片。
2 起油鍋，將蔥末加上 1 小撮鹽（份量外）炒出香氣，蛋液入鍋，混合炒香的蔥花煎至半熟盛起（加熱過程中用鍋鏟將外圍蛋液往中間推、不翻面）。
3 原鍋再加另一大匙油，炒香蒜片後投入番茄塊翻炒至變軟。
4 加糖炒融、加米酒增加香氣、下番茄醬調味。
5 鍋內番茄與醬汁融合時，投入作法 2，將半熟蛋撥鬆和番茄與醬汁均勻混拌即可起鍋。

🍳 料理筆記
這份食譜和第一本《因為愛 做便當》書裡記錄的作法略有不同，可以比較看看哪個方式與調味更順手、順口。

香煎玉米筍佐巴薩米克醋

材料

去殼玉米筍…6 支（40g）
紅黃彩椒…共 30g

調味

巴薩米克紅酒醋…2 大匙

熱炒油…1 小匙

作法

1 玉米筍洗淨斜刀切半、彩椒切適口大小。
2 燒一小鍋水，水滾後投入玉米筍汆燙 90 秒，撈起瀝乾水分備用。
3 巴薩米克紅酒醋放入醬汁鍋煮滾並且收束至有微微濃稠感的狀態。
4 另取一個平底鍋，熱鍋熱油後將玉米筍投入，煎至上色，最後加入彩椒一起翻炒至斷生。
5 作法 4 盛盤，適量淋下作法 3。

🍙 料理筆記

沒有使用完的巴薩米克醋煮醬，用來當作生菜沙拉淋醬或者蘸食新鮮草莓、無花果也很適合。

鹽麴茭白筍

材料

茭白筍去殼切滾刀塊…100g

調味

鹽麴…20g

作法

1 燒一鍋水，滾起後投入茭白筍煮 2 分鐘。
2 調理缽內先投入鹽麴備用。
3 將茭白筍撈起、瀝乾水分，投入作法 2，趁熱拌勻即成。

蒜香鹽麴綠花椰

材料

綠花椰菜…100g

調味

蒜泥…3g
鹽麴…15g
芝麻香油…適量

作法

1 調理缽內混合蒜泥與鹽麴備用。
2 煮一鍋滾水，投入綠花椰，燙煮約 2 分鐘。
3 撈起瀝乾水分，和作法 1 混拌均勻，最後淋下芝麻香油。

高湯煮各式時蔬

材料

準備當餐欲食用的青菜及份量
柴魚高湯或昆布高湯

調味

海鹽 適量

作法

1 將高湯煮沸，視高湯鹹度添加海鹽調味，嚐起來略鹹即可。

2 青菜洗淨，入煮滾的高湯燙熟，撈起瀝乾水分即可裝入便當。

🍱 **料理筆記**

a 高湯可以再利用，煮麵、煮湯或炒菜時做為添加的水分皆可，最好當天趁鮮使用完畢。

b 簡易柴魚高湯：柴魚片20g投入1000ml滾水小火煮1分鐘，熄火靜置3分鐘，瀝除柴魚片即完成柴魚高湯。

c 簡易昆布高湯：昆布10g投入1000ml過濾水，冷藏一夜取出昆布，再將昆布水煮開即為昆布高湯。

d 或使用市售鰹魚高湯包。

酒香四季豆

材料（1～2人份）

四季豆…100g
蒜末…10g

調味

原色冰糖粉…1/2 小匙
玉泰白醬油…2 小匙
紹興酒…1/2 大匙

熱炒油…1 小匙

作法

1 四季豆洗淨切除頭尾、切成適口長度備用。

2 熱鍋熱油投入作法 1 以中火翻炒至顏色轉深。

3 火力調弱，均勻撒下原色冰糖粉，炒至融化。

4 淋下白醬油和紹興酒翻炒均勻，投入蒜末炒出香氣起可盛盤。

涼拌過貓

材料（2 人份）
過貓…150g

醬料

胭脂梅醋…1 大匙
玉泰白醬油…1 大匙
原色冰糖粉…2 小匙
熱開水…1 小匙

芝麻香油…1 大匙

熟白芝麻…少許

作法

1 醬料混合均勻使糖融化後，加入芝麻香油拌勻備用。
2 過貓洗淨入滾水燙熟，泡冰塊水降溫定色。
3 作法 2 瀝乾水分，切成適口大小擺盤，淋下作法 1，
　添少許白芝麻飾頂即完成。

爐烤蒜香白花椰

材料（1 人份）
白花椰菜…100g

調味

蒜泥…1/2 小匙
海鹽…1/8 小匙
小磨坊香蒜粒…1/4 小匙
現磨黑胡椒…適量

熱炒油…1 小匙

作法

1 白花椰菜洗淨，分成小朵備用。
2 取用深型調理缽，加入除熱炒油以外的調味料及作
　法 1，充分拌勻。
3 淋下熱炒油再次拌勻，置於鋪好烘焙紙的烤盤上，
　以攝氏 190 度烤 15 分鐘左右至白花椰全熟且些微
　上色即完成。

蒜炒甜菜花

材料（2人份）
甜菜花洗淨切段…150g
蒜片…5g

調味
清水…2大匙
海鹽…1/4小匙

熱炒油1小匙

作法
1 冷鍋冷油先投入蒜片炒香。
2 投入甜菜花葉與梗（黃色花苞先保留），加入清水後蓋上鍋蓋。
3 待白煙從鍋蓋縫邊冒出時立即將花苞入鍋，加蓋燜煮10秒。
4 開蓋加鹽調味，拌勻即可起鍋。

薑炒皇宮菜

材料（2人份）
皇宮菜…150g
薑絲…5g

調味
海鹽…1/4小匙
熱水…60ml

熱炒油…2小匙

作法
1 皇宮菜洗淨揀下嫩莖和葉；老薑去皮切絲。
2 冷鍋冷油投入薑絲中小火炒出香氣。
3 投入皇宮菜、熱水，加蓋燜煮至鍋邊冒出蒸氣。
4 加鹽調味，翻炒均勻。

 料理筆記

這份食譜的皇宮菜完整一把有250g，留下可食用嫩莖及葉的重量約150g；請依手邊食材實際份量來斟酌鹽的用量。

蒜炒雲耳雪裡蕻

材料
自製雪裡蕻…120g
黑木耳…60g
蒜片…4g
辣椒…3g

調味
清酒…2 小匙
海鹽…1/8 小匙

熱炒油…1 大匙

作法
1 雪裡蕻洗去鹽分、擰乾切末；黑木耳切小丁；辣椒輪切。
2 起油鍋從冷鍋開始炒香蒜片，聞到香氣後再投入黑木耳及辣椒大略翻炒。
3 投入雪裡蕻炒散、淋下米酒、加入海鹽炒勻。

🥘 **料理筆記**
如使用市售雪裡蕻，清洗時需換水數次，將可能隱藏在葉片內的細砂雜質及多餘的鹽分洗去；調味時且再斟酌鹽的用量。自製雪裡蕻見P.211。

韓式涼拌菠菜

材料（1 人份）
菠菜…100g

調味
蒜泥…2g
海鹽…1/8 小匙
韓式芝麻香油…2/3 小匙

作法
1 菠菜保留根部（可去掉鬚根），以流動水洗過再入滾水燙熟，撈起瀝乾水分。
2 作法 1 稍微降溫後，將整束菠菜水分擰乾（雙手先徹底洗淨、擦乾）。
3 作法 2 置於熟食用砧板，切除根部，其餘分切成適口長度，於調理缽內與蒜泥及海鹽充分混拌均勻，最後淋下韓式芝麻香油概略拌勻即成。

蒜香龍鬚菜

材料

洗淨揀好的龍鬚菜…100g
蒜片…5g

調味

米酒…1 大匙
海鹽…1/4 小匙

熱炒油…2 小匙

作法

1 起油鍋從冷油開始炒香蒜片。
2 投入龍鬚菜大略翻炒，淋下米酒，加蓋。
3 燜煮 15 秒、開蓋，加鹽調味，拌炒均勻。

蒜炒手撕高麗菜

材料

高麗菜…300g
蒜片…10g

調味

海鹽…3/4 小匙

熱炒油 1 大匙

作法

1 高麗菜用流動水洗淨瀝乾水分，手撕成適當大小備用。
2 起油鍋中小火從冷油開始將蒜片煸香，投入作法 1.。
3 加一點清水（份量外），蓋上鍋蓋轉成中火，待鍋邊冒出白煙時開蓋，加鹽調味，翻炒均勻。

紅蔥頭烤球芽甘藍

材料（2 人份）

球芽甘藍…8 顆

紅蔥頭…4 ～ 5 瓣順紋對切

調味

海鹽…1/2 小匙

橄欖油…1 大匙

作法

1 球芽甘藍洗淨，縱向對切成半，入滾水燙煮 1 分鐘，撈起瀝乾水分趁熱拌入紅蔥頭與鹽，混拌勻勻後淋下一大匙橄欖油。

2 烤盤先鋪烘烤紙，將作法 1 平均置於其上。

3 入烤箱以攝氏 190 度～ 200 度烤 12 分鐘左右至表面上色。

蒜炒油蔥白花椰

材料（1 人份）

白花椰菜…100g

蒜片…5g

熱開水…3 大匙

調味

鵝油蔥…1/2 小匙

海鹽…1/8 小匙

作法

1 不沾炒鍋不放油投入白花椰，以中小火乾煎至表面些微上色。

2 加入熱開水，大略翻炒後靜置，至水分收乾。

3 投入鵝油蔥及蒜片，拌炒至聞到香氣，加鹽調味即完成。

辣炒櫛瓜

材料（1 人份）
櫛瓜切半圓厚片…120g
蒜片…5g
新鮮辣椒輪切…適量

調味

清水…2 大匙
海鹽…1/4 小匙

熱炒油…1 小匙

作法

1 冷鍋冷油炒出蒜片及辣椒香氣。
2 投入櫛瓜大略翻炒，加水、加蓋燜煮 1～2 分鐘。
3 加鹽調味，拌勻即成。

醬燒藕片

材料（2 人份）
蓮藕去皮…100g

調味

原色冰糖粉…1/2 小匙
金蘭松露醬油…2.5 小匙
清酒…1 大匙
清水…2 小匙

熱炒油…1.5 小匙

作法

1 蓮藕切薄片再分切成四小塊。
2 所有調味料包括清水先在調理缽調勻（使糖確實融化）。
3 熱鍋冷油投入作法 1 大略翻炒後以不重疊方式煎至雙面上色。
4 一口氣倒入作法 2，將火力稍微調弱，讓藕片充分吸附醬汁。
5 需要時可將藕片翻面使之平均上色，待醬汁收至幾近全乾即可熄火盛盤。

蝦皮蒲瓜

材料（1～2人份）
蒲瓜去皮切條狀…200g
蒜片…5g
蝦皮…2g

調味
清水…100ml
海鹽…1/4 小匙

熱炒油…2 小匙

作法
1 冷鍋冷油投入蒜片炒出香氣，加入蝦皮大略翻炒。
2 蒲瓜入鍋一起拌炒均勻，加水加蓋燜煮。
3 待鍋邊冒出白煙時開蓋確認鍋內食材狀態，如果蒲瓜已經熟軟，即可加鹽調味，炒勻起鍋；如需繼續烹煮，則視情況添加水量，續煮至自己喜歡的熟度。

蘿蔔乾炒蛋

材料（2人份）
蘿蔔乾切丁…30g
蔥白…15g
雞蛋…2顆

調味
玉泰白醬油…1/2 小匙

熱炒油…1 大匙

作法
1 雞蛋打散，加入白醬油拌勻，儘量多攪拌讓空氣混入蛋液。
2 取用平底不沾鍋，乾鍋時投入已泡水洗淨瀝乾切丁的蘿蔔乾，以中小火炒出香氣。
3 聞到香味後，放入熱炒油和蔥白，加1小撮鹽（份量外）炒出蔥香氣味。
4 將打散的蛋液倒入鍋內，轉成中火，待四周圍蛋液開始凝結時，用鍋鏟將蛋推散，單面煎上色後翻面續煎至全熟即完成。

鮮炒球芽甘藍與金針菇

材料（1 人份）
球芽甘藍…50g
金針菇…50g
蒜片…5g

調味
海鹽…1/8 小匙
白胡椒粉…適量

熱炒油…1 小匙

作法
1 金針菇除去根部再對半分切、撥鬆備用。
2 球芽甘藍縱向對切、洗淨後切絲。
3 冷鍋冷油投入蒜片炒出香氣，投入作法 2 拌炒至熟軟。
4 投入作法 1 大略翻炒，加蓋燜煮 1～2 分鐘。
5 開蓋加鹽及白胡椒粉調味，炒勻即可盛盤。

🧈 **料理筆記**
金針菇水分多，加熱過程中會自然釋出，因此烹調過程不需加水。

鹽麴炒鮮蔬

材料（2 人份）
茭白筍切片…80g
小黃瓜切片…100g
紅黃彩椒…各 20g
蒜片…10g

調味
清水…2 大匙
鹽麴…1 大匙

熱炒油…2 小匙

作法
1 起油鍋，先用中火快炒茭白筍片，待筍片表面些微上色後，投入小黃瓜及蒜片。
2 大略翻炒，將火力稍微減弱一些，等待蒜香味飄出。
3 投入彩椒及鹽麴，略炒、加水後再全體翻拌均勻，將水氣炒乾即可盛盤。

🧈 **料理筆記**
這份食譜若使用鹽取代鹽麴，成品風味頗有差異；鹽麴調味可充分引出茭白筍及小黃瓜的鮮甜。

櫻花蝦炒青蔬三鮮

材料（3～4人份）

四季豆…50g
球芽甘藍…100g
紅黃彩椒…共80g
蒜片…10g
櫻花蝦…5g

調味

米酒…1大匙
海鹽…1/2小匙

熱炒油…1大匙

作法

1 球芽甘藍對半剖切洗淨，與洗好切段的四季豆一同過滾水氽燙30秒，瀝乾備用。
2 熱鍋中油溫時將球芽甘藍以切面貼著鍋底的方式入鍋，煎至上色後翻面。
3 投入蒜片及四季豆大略翻炒，聞到蒜香後投入彩椒與櫻花蝦。
4 翻動鍋內食材，使之均勻受熱，待全體香氣四溢時淋下米酒，炒勻。
5 最後以海鹽調味即完成。

料理筆記

櫻花蝦也可以蝦皮替代，風味略有不同但成品一樣香氣撲鼻。球芽甘藍先過滾水氽燙可以去除澀味；四季豆先燙過則是為了入鍋翻炒時能夠更快熟透，比較適合這道菜的料理節奏。

鹽煮玉米筍·秋葵·綠花椰

材料

綠花椰（或秋葵、或玉米筍）…適量

調味

清水…500ml
海鹽…1小匙

作法

1 清水煮滾加入海鹽，待海鹽融化後將洗淨的蔬菜入鍋。
2 依個人喜歡的口感將蔬菜燙熟即可撈起。

料理筆記

清燙蔬菜時，依照水500ml、海鹽1小匙這般比例所燙好的青菜可以嚐到淡淡鹹味以及青蔬本身的鮮甜，水和鹽用量依照青菜多寡依比例增減、口味濃淡會依各個不同品牌或產地的海鹽而略有不同。燙煮的時間，玉米筍約需5分鐘、綠花椰2分鐘、秋葵1分鐘。

韓式豆腐辣湯

材料

火鍋豬肉片…250g
黃豆芽…200g
金針菇…100g
雪白菇…100g
櫛瓜…1/2 條
板豆腐…1/2 塊
蒜泥…1 大匙
蔥末…適量
魚露…適量
韓式辣醬…2 大匙
韓式細辣椒粉…2 小匙
韓式芝麻香油…適量

原味雞高湯…1200ml

作法

1 原味雞高湯煮至沸騰,黃豆芽入鍋加蓋小火燜煮
　10 分鐘。
2 依序投入板豆腐、雪白菇及櫛瓜煮至滾起。
3 加入蒜泥、韓式辣醬、細辣椒粉調味。
4 投入火鍋肉片燙熟,視湯汁濃淡添加魚露調味。
5 最後投入金針菇、蔥末,淋少許韓式芝麻香油增
　香即可離火。

自製雪裡蕻

材料

小松菜…250g
海鹽…6g

作法

1 小松菜洗去塵土細沙、自然晾乾至有一點脫水狀態。

2 海鹽均勻撒在小松菜上，梗的部位可以多一些，雙手將小松菜從頭至尾搓揉按壓，直到葉子顏色轉為深綠（似煮熟的外觀）。

3 作法2置於淺缽，在小松菜上置放重物（照片是裝水的玻璃保鮮盒）約3小時使小松菜出水、梗也會變軟。

4 將作法3以密封盒保存於冰箱冷藏3天左右，便能使用。

後記

歷時兩年，就著緩慢步調完成第 2 本便當書。

除了一本初心與大家分享容易上手的家常便當菜，同時也希望能夠呈現出有別於便當 1 的青澀，以及經過日日實作而在料理功課上一點一滴慢慢前進的累積。

關於料理這件事，每個人都曾經是新手。

老話說：熟能生巧。我將它解讀為：一旦開始，就是往進步的方向前進了。

為喜歡的人做他們喜歡吃的飯菜是一種簡單的幸福；同一份食譜經由不同掌廚者詮釋，將會揉合出不同的火侯與韻味；期待「因為愛，做便當 2」在您手中烹調出屬於自己的幸福好滋味。

photo by 小茉

食客說便當

by 戴維亨（戴董）

柳風將至
桃花盛開
木製飯盒
恰有暄意
快哉

薰風吹拂
荷花烈日
爽口輕食
解熱消暑
涼哉

西風颯然
黃花盈枝
燉肉熱飯
喜迎霜降
悠哉

朔風凜凜
梅花獨開
熱湯吐煙
寒意盡除
暖哉

bon matin 117

因為愛，做便當 2

作　　者	水瓶		讀書共和國出版集團	
攝　　影	水瓶		社　　長	郭重興
社　　長	張瑩瑩		發行人兼	曾大福
總 編 輯	蔡麗真		出版總監	
美術編輯	林佩樺		印務經理	黃禮賢
封面設計	謝佳穎		印　　務	李孟儒
			法律顧問	華洋法律事務所　蘇文生律師
責任編輯	莊麗娜		印　　製	凱林彩印股份有限公司
行銷企畫	林麗紅		初　　版	2019年02月27日
出　　版	野人文化股份有限公司		初版5刷	2020年09月04日
發　　行	遠足文化事業股份有限公司			

地址：231新北市新店區民權路108-2號9樓

電話：（02）2218-1417　　　　　　　　　有著作權　侵害必究

傳真：（02）86671065　　　　　　　　　歡迎團體訂購，另有優惠，請洽業務部

電子信箱：service@bookrep.com.tw　　　（02）22181417分機1124、1135

網址：www.bookrep.com.tw

郵撥帳號：19504465遠足文化事業股份有限公司

客服專線：0800-221-029

國家圖書館出版品預行編目(CIP)資料

因為愛，做便當. 2 / 水瓶著. -- 初版. -- 新北市：野人文化出版：遠足文化發行，2019.03　216面；18.5×26公分. --（bon matin；117）ISBN 978-986-384-342-9（平裝）

1.食譜　　　　　　　　　　　　　　　　　　　　　　　　427.17　　108001951

野人文化
讀者回函卡

感謝您購買《因為愛，做便當2》

姓　名　　　　　　　　　□女 □男　年齡

地　址

電　話　　　　　　　手機

Email

學　歷　□國中(含以下)□高中職　□大專　　□研究所以上
職　業　□生產/製造　□金融/商業　□傳播/廣告　□軍警/公務員
　　　　□教育/文化　□旅遊/運輸　□醫療/保健　□仲介/服務
　　　　□學生　　　□自由/家管　□其他

◆你從何處知道此書？
　□書店　□書訊　□書評　□報紙　□廣播　□電視　□網路
　□廣告DM　□親友介紹　□其他

◆您在哪裡買到本書？
　□誠品書店　□誠品網路書店　□金石堂書店　□金石堂網路書店
　□博客來網路書店　□其他＿＿＿＿＿＿＿＿＿＿＿

◆你的閱讀習慣：
　□親子教養　□文學　□翻譯小說　□日文小說　□華文小說　□藝術設計
　□人文社科　□自然科學　□商業理財　□宗教哲學　□心理勵志
　□休閒生活（旅遊、瘦身、美容、園藝等）　□手工藝／DIY　□飲食／食譜
　□健康養生　□兩性　□圖文書／漫畫　□其他

◆你對本書的評價：（請填代號，1. 非常滿意　2. 滿意　3. 尚可　4. 待改進）
　書名＿＿＿封面設計＿＿＿＿版面編排＿＿＿＿印刷＿＿＿內容＿＿＿＿
　整體評價＿＿＿＿

◆希望我們為您增加什麼樣的內容：

◆你對本書的建議：

野人

書名：因為愛，做便當2

書號：bon matin 117